U0337910

国家自然科学基金青年科学基金项目(51804100)资助
河南省重点研发与推广专项(科技攻关)项目(202102310289、212102310377)资助
河南理工大学博士基金项目(760207/011)资助

页岩断裂行为的各向异性研究

衡 帅 / 著

中国矿业大学出版社
·徐州·

内 容 提 要

本书系统介绍了不同加载条件下页岩力学性质和断裂行为的各向异性特征。全书以四川盆地龙马溪页岩为研究对象，综合运用理论分析、室内试验和数值计算等方法，通过工业 CT 扫描、SEM 扫描电镜和薄片显微观察、室内力学试验等手段，识别了页岩微观结构、层理和天然裂缝发育特征，揭示了页岩各向异性的根源，探明了页岩层理和基质体力学性质的不协调性，定量指出了层理为页岩地层的薄弱面，并揭示了断裂机制的层理方向效应，指出了层理为控制页岩力学性质和断裂行为各向异性特征的主控因素。通过理论分析，探明了层理和应力条件对页岩断裂行为的主控作用，揭示了不同模式裂缝复杂扩展行为的控制机制。

本书可供从事岩石力学、断裂力学、土木工程、矿业工程等研究领域的工程技术人员、科技工作者及高等院校相关专业的师生参考。

图书在版编目(CIP)数据

页岩断裂行为的各向异性研究 / 衡帅著. —徐州：中国矿业大学出版社，2021.10

ISBN 978-7-5646-5172-5

Ⅰ. ①页… Ⅱ. ①衡… Ⅲ. ①页岩—岩土动力学—地质断层—研究 Ⅳ. ①P588.22

中国版本图书馆 CIP 数据核字(2021)第204443号

书　　名　页岩断裂行为的各向异性研究
著　　者　衡　帅
责任编辑　何晓明
出版发行　中国矿业大学出版社有限责任公司
(江苏省徐州市解放南路　邮编 221008)
营销热线　(0516)83884103　83885105
出版服务　(0516)83995789　83884920
网　　址　http://www.cumtp.com　**E-mail**:cumtpvip@cumtp.com
印　　刷　苏州市古得堡数码印刷有限公司
开　　本　787 mm×1092 mm　1/16　**印张** 12.25　**字数** 220 千字
版次印次　2021 年 10 月第 1 版　2021 年 10 月第 1 次印刷
定　　价　58.00 元

前　言

页岩气是指赋存于富有机质泥页岩及其夹层中，以游离和吸附状态为主要存在方式的非常规天然气。其分布广泛，开采潜力巨大，是常规石油、天然气的理想接替。由于页岩基质体具有超低的孔隙度和极低的渗透率，因而大多数储层必须经过压裂改造才能获得理想产能，进而实现页岩气的经济高效开发。压裂改造中，形成多尺度的非平面、非对称、多分支裂缝网络是实现页岩气高效开采的关键。经典压裂理论以线弹性断裂力学为基础，认为裂缝为沿井筒射孔段呈对称分布的双翼平面，虽然该理论对多裂缝、弯曲裂缝和T形裂缝也有一定考虑，但对复杂缝网的扩展研究不多，更没有成熟的理论可以借鉴。故要提高页岩气储层压裂改造的有效性，须重新审视经典压裂理论长期持有的单一平面对称双翼裂缝张拉扩展的观点，突破经典压裂理论在认识裂缝网络延伸上的局限性，从而实现对裂缝非平面扩展中张拉、剪切、滑移及错断等复杂力学行为的新认识。鉴于页岩特殊的地质特征与力学性质，加之影响裂缝扩展形态的因素过多，且各因素间相互干扰，无法厘清层理（天然裂缝）和应力状态这两个关键因素的主控作用，因此，认识和掌握不同破裂机制下页岩裂缝的复杂扩展行为及其控制机制，对进一步揭示复杂缝网的形成机理及调控方法极为重要。

本书聚焦于四川盆地涪陵焦石坝页岩气示范区块的典型页岩，以志留统龙马溪页岩为研究对象，综合运用理论分析、室内试验和数值计算等方法，系统研究了不同加载条件下页岩力学性质和断裂行为的各向异性特征及其控制机制，主要研究成果有：① 基于工业

CT扫描、SEM扫描电镜和薄片显微观察等试验，研究了页岩微观结构、层理和天然裂缝发育特征，揭示了页岩各向异性的根源；② 探明了页岩层理和基质体力学性质的不协调性，从定量角度指出了层理为页岩地层的薄弱面；③ 研究了不同加载条件下页岩断裂行为的各向异性特征，揭示了断裂机制的层理方向效应，指出层理是控制页岩力学性质和断裂行为各向异性特征的主控因素；④ 探明了层理和应力条件对页岩断裂行为的主控作用，揭示了不同模式裂缝复杂扩展行为的控制机制。

本书共7章。第1章介绍了本书的研究背景、意义和国内外研究现状等；第2章介绍了横观各向同性材料的弹性本构理论及5个独立弹性常数的测试方法；第3章介绍了龙马溪页岩的微观结构、层理和天然裂缝发育特征；第4章介绍了单轴及三轴压缩下页岩力学性质和断裂行为的各向异性特征；第5章介绍了巴西劈裂和三点弯曲下页岩力学性质和断裂行为的各向异性特征；第6章介绍了直剪条件下页岩断裂行为的各向异性特征及雁列状裂缝成核、扩展、连接及贯通的层理方向效应；第7章对本书所做的工作进行了总结。

为了更好地反映相关研究成果的先进性，本书是在笔者近几年研究成果的基础上，结合国内外最新研究进展和相关文献资料成稿的。同时，本书的出版得到了国家自然科学基金青年科学基金项目(51804100)、河南省重点研发与推广专项(科技攻关)项目(202102310289、212102310377)、河南理工大学博士基金项目(760207/011)的资助，获得了煤炭安全生产与清洁高效利用省部共建协同创新中心的大力支持。在本书的编写过程中，李贤忠、赵瑞天、郭莹莹等人在文字录入、图表绘制方面做了大量工作，在此一并表示感谢。

由于水平有限，书中难免存在不妥之处，恳请读者批评指正。

著　者

2021年4月

目　　录

第1章　绪　　论

1.1　研究背景及意义

页岩气是指主体位于暗色泥页岩或高碳泥页岩中、以吸附或游离态为主要存在方式的非常规天然气，其分布广泛、开采潜力巨大，是常规石油、天然气的理想接替，也是突破我国天然气日益短缺的有效途径。由于页岩基质体超低的孔隙度和极低的渗透率，大多数储层必须经过压裂改造才能获得理想产能，实现工业化开发。借助水平井体积压裂技术，美国实现了页岩气大规模的商业化开发，并迎来了全球页岩气革命。自然资源部调查结果显示，我国页岩气地质储量约 1.34×10^{14} m^3，可采储量 2.5×10^{13} m^3，开采潜力巨大。然而，目前我国仅在四川盆地及其周缘地区的五峰-龙马溪组获得了页岩气的商业化开发。作为页岩气资源大国，实现向开采强国的转变，是实现我国能源结构升级和低碳环保战略的迫切需求。

页岩气储层地质条件复杂、脆性强、层理和天然裂缝发育、各向异性较强，压裂改造后往往形成非平面、非对称、多分支的复杂裂缝网络[1]，如图 1-1 所示。裂缝网络的大小主要由天然裂缝与层理的发育程度、地层各向异性与非均质性、地应力、压裂液性质及施工排量等决定[2]，而其中良好发育的天然裂缝和层理是关键。但水力裂缝、天然裂缝或层理相互干扰后局部应力状态的改变也是形成复杂裂缝形态不可忽视的重要因素（图 1-2）。因此，改变局部应力状态，促使压裂缝尽可能多地沟通天然裂缝和层理，形成最大化的缝网展布，是实现页岩气储层压裂改造的关键。

经典压裂理论以线弹性断裂力学为基础，认为裂缝为沿井筒射孔段呈对称分布的双翼平面裂缝，虽然后来考虑了裂缝的非平面延伸，但也仅局限于多裂缝、弯曲裂缝和 T 形裂缝的分析与表征，而对复杂缝网的扩展研究不多，更没有成熟的理论可以借鉴。故要提高页岩气储层压裂改造的有效性，须重新审视经典压裂理论长期持有的单一平面对称双翼裂缝张拉扩展的观点，突破

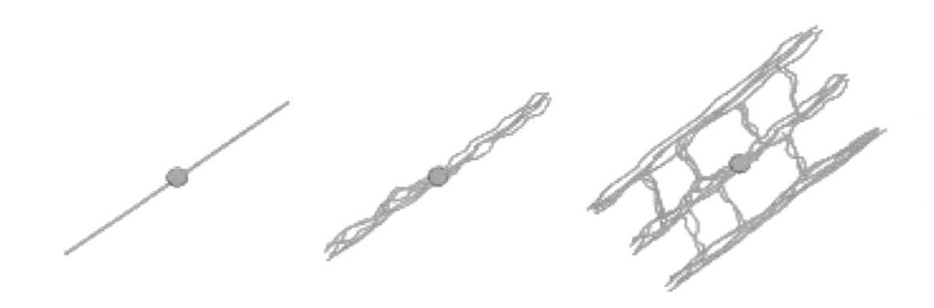

图 1-1　简单压裂缝、复杂压裂缝、网状压裂缝效果示意图

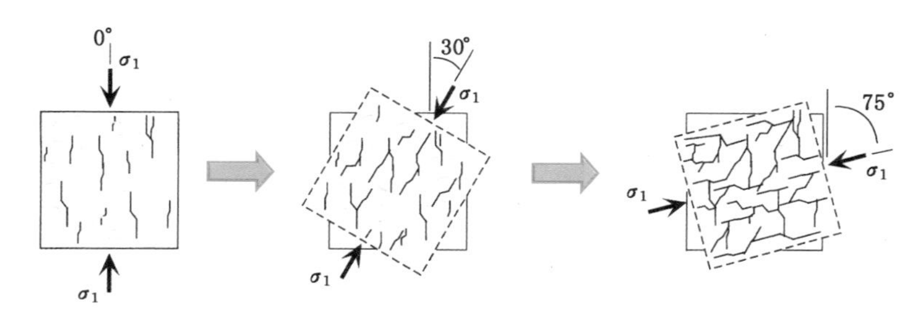

图 1-2　应力状态的改变对裂缝扩展与贯通的影响

经典压裂理论在认识裂缝网络延伸上的局限性，实现对裂缝非平面扩展过程中张拉、剪切、滑移及错断等复杂力学行为的新认识。然而，目前虽然通过室内物理模拟试验和数值计算等方法对页岩裂缝的复杂扩展行为及其形成机制有一定研究，但鉴于页岩特殊的地质特征与力学性质，影响裂缝扩展形态的因素过多，且各因素间相互干扰，无法厘清层理（天然裂缝）和应力状态这两个关键因素的主控作用，以至于对裂缝的复杂扩展行为及其控制机制等关键问题仍认识不清，因此，认识和掌握不同加载条件下页岩断裂行为的层理方向效应及其控制机制，对进一步认识页岩压裂复杂网状裂缝的形成机理及调控方法，实现页岩气的高效开发，具有重要的理论指导意义。

1.2　国内外研究现状

1.2.1　页岩微观结构与层理、裂缝发育特征

页岩气储层特征集中表现在矿物组分、宏微观孔隙结构、层理和天然裂缝发育程度等方面。页岩气一般赋存在深部泥页岩地层，其矿物组分和微观结

构的较大差异使其脆性特征、层理和天然裂缝发育程度、水力特性等物理力学性质差别较大，这对页岩断裂行为和压裂效果等影响较大。因此，根据页岩的矿物组成、微观结构特征、层理和天然裂缝发育程度及力学特性对其进行归类十分必要。

页岩是由黏土矿物经压实、脱水、重结晶作用后形成的，其矿物组分复杂，除高岭石、蒙脱石、伊利石、绿泥石、海绿石等黏土矿物外，还混杂石英、长石、云母等许多碎屑矿物。其中，石英含量通常大于50%，甚至可高达75%，且多呈黏土粒级，常以纹层形式出现[3-4]。黏土矿物和有机质含量与吸附气含量有关，而石英含量越高，页岩脆性越强，断裂时裂缝扩展形态越复杂，压裂时更容易形成诱导裂缝，有利于页岩气渗流[5-6]。因此，页岩气勘探中，首先是寻找低泊松比、高弹性模量和富含有机质的脆性页岩地层。

据国内外资料，美国 Barnett 页岩主要为细粒沉积，呈暗色或黑色薄层状产出，石英、长石和黄铁矿含量为20%～80%(石英含量为40%～60%)，而碳酸盐含量低于25%，黏土矿物含量小于50%[7-8]。而我国四川盆地寒武统筇竹寺组和志留统龙马溪组页岩各组分平均含量为石英43.4%，黏土矿物37%，长石8.7%(钾长石2.6%，斜长石7%)，碳酸盐7.4%(方解石3.6%，白云石5.4%)，黄铁矿4.1%，石膏3.25%等[9-11]。龙马溪页岩黏土矿物中伊利石相对含量较高(66%～74%)，伊蒙混层和绿泥石相对含量较低，分别为14%～25%和9%～12%，不含蒙脱石与高岭石，说明龙马溪页岩处于中成岩阶段晚期，对应有机质成熟阶段[9-10]。矿物组分的差异与沉积环境、沉积模式密切相关。美国 Barnett 页岩发育于静水缺氧环境，属海相饥饿性盆地沉积，有利于有机质赋存，具有较高的有机质含量，不含或含较少陆源碎屑岩。而我国四川盆地页岩气藏发育于半封闭性深水还原环境，属于海陆过渡相沉积[3]，其矿物组分中硅质、钙质含量较低，黏土矿物含量相对较高。

根据孔隙尺度大小，邹才能等[12]以1 mm及1 μm为界限，将孔径大于1 mm的页岩孔隙划为毫米级孔隙，将孔径小于1 μm的页岩孔隙划为纳米级孔隙，而将介于两者之间的划为微米级孔隙。钟太贤[13]根据孔隙孔径大小，划分出裂缝(孔径大于10 μm)、大孔(孔径1～10 μm)、中孔(孔径100 nm～1 μm)、过渡孔(孔径10～100 nm)、微孔(孔径小于10 nm)。根据孔隙成因及发育位置，焦淑静等[14]通过扫描电镜的二次电子与背散射电子及氩离子抛光方法，指出页岩孔隙可划分为矿物颗粒间孔、颗粒表面溶蚀孔及有机质颗粒内部孔。杨峰等[15]将页岩微观孔隙划分为黏土矿物粒间孔、生物化石孔、骨架矿物孔、有机孔及微裂缝。吴伟等[16]指出页岩普遍发育有黏土矿物粒间、晶间孔，有机质微纳米孔及微裂缝。杨巍等[17]指出页岩无机孔的发育状况好于有机孔，主要发育有顺层裂缝、颗粒边缘缝、有机质边缘收缩缝、晶间孔、粒间及粒内孔；页岩主要发育有黄铁矿、方解石、黏土矿物晶间孔隙，粒间孔及有机孔。张艺凡[18]指出渝西龙马溪页岩无机孔隙与有机质孔隙发育良好，微孔-中孔-宏孔体积最大，孔隙比表面积大，连通性较好；黔北龙马溪页岩主要发育无机孔隙，以黏土矿物晶间孔隙为主，孔隙平均直径较大，有机质孔隙发育较差；川南牛蹄塘页岩孔隙发育介于两者之间，连通性弱于龙马溪页岩。川南牛蹄塘页岩孔隙以有机质孔隙为主，有机质孔隙直径小，连通性差；渝西龙马溪页岩有机质孔隙是主要孔隙类型，有机质孔隙体积较大，结构复杂，具有较高的表面积和良好的孔隙连通性，利于气体贮存及运移。

针对页岩层理和天然裂缝的发育特征，Hill 等[19]认为天然裂缝是页岩中游离气的主要赋存空间，对其经济产量至关重要，在页岩气勘探时必须考虑天然裂缝的影响，并将天然裂缝划分为阿勒格尼裂缝（由阿勒格尼构造运动产生）、卸压缝和卸载缝三种类型，而有机质含量是影响裂缝发育的主要因素，进而探讨了不同岩性中裂缝发育程度和间隔距离的差异。Curtis[20]指出裂缝发育程度是页岩产气能力的控制因素，良好发育的裂缝网络不仅能使天然气和原生水在页岩中运输，还能输入含细菌的大气水，有利于生物甲烷气的生成。Gale 等[21]以 Barnett 页岩为例，详细表征了天然裂缝的发育特征，并指出了其对水力压裂的重要性，认为被方解石等矿物充填的细小裂缝虽然不能增加页岩的孔隙度和渗透率，但作为薄弱面在水力压裂时可被重新活化，有利于增大裂缝扩展范围；天然裂缝的数量可能按幂律分布，最大裂缝是张开的，而成簇分布的裂缝能提高局部页岩的渗透率。随后，Gale 等[22]通过对美国 18 个页岩气区块的观察研究，总结了高角度裂缝、断层、层理缝、早期压缩缝及结核相关缝等裂缝分布特征与分类，指出不同页岩中分布和排列不同的裂缝类型；天然裂缝的产生有多种机制，包括差异压实，构造运动引起的局部应力变化，深成作用和构造抬升等。龙鹏宇等[23]、丁文龙等[24]、朱利锋等[25]将泥页岩裂缝分为构造缝（张性缝与剪切缝）、有机质演化异常压力缝、层面滑移缝、成岩收缩缝和层理缝五种类型，并对各种裂缝的发育特征、形成机理、对储层孔渗的改善作用及在水力压裂时的响应特征进行了详细总结，进而从地质角度分析了控制裂缝发育程度的主要因素。曹黎[26]指出龙马溪页岩裂缝线密度一般为 40～65 条/m、裂缝面密度为 1.91×10^{-2} mm^{-1}，牛蹄塘页岩裂缝线密度一般为 62～83 条/m、裂缝面密度为 2.39×10^{-2} mm^{-1}，可见牛蹄塘页岩裂缝比龙马溪页岩更发育。王兴华[27]指出牛蹄塘页岩裂缝主要发育有水平黄铁矿缝、顺层纤维状脉、垂直充填缝和滑脱裂缝，发育模式主要有层内局限型、层间过渡型、层面活动型和复合型四种类型，充填矿物主要为方解石、石英、重晶石、白云石、钡解石和菱钡镁石。何启越[28]指出龙马溪页岩裂缝可分为构造缝与非构造缝，长度以小型和中等尺度为主，宽度以小型为主，倾角类型以斜交缝与高角度缝为主，且多以全充填为主，而未充填和半充填裂缝相对较少。

1.2.2　页岩力学性质的各向异性特征

由于沉积压实过程中矿物颗粒的择优取向，页岩具有明显的薄页状或片状层理构造。层理诱导的纵波波速、抗压强度、抗拉强度、抗剪强度和断裂韧性等力学参数具有各向异性，是影响裂缝扩展行为、断裂机制和裂缝起裂压力等的重要参数，也是进一步分析层理对裂缝复杂扩展行为控制作用的关键。进而，层理的存在有利于压裂过程中形成复杂的裂缝形态，提高储层改造效果[29-30]。

国内外学者对各大页岩气区块的研究资料表明，页岩微观结构、力学特性、岩电参数等均存在不同程度的各向异性。页岩的各向异性特征将导致钻井过程中声学响应复杂、地层岩石力学参数识别困难。Bayuk 等[31]认为要重视页岩裂缝发育和黏土矿物不规则充填引起的各向异性对微地震监测信号的影响。Banik[32]系统研究了页岩波速的各向异性特征及其产生原因，指出垂直沉积层理方向的波速较平行层理方向的大，其主要原因为沉积层理内存在缝隙和黏土充填。Johnston 等[33]通过不同围压下页岩的声波速度测试试验结合 X 射线衍射和电子微探针成像技术，研究了页岩声波速度与黏土矿物择优取向排列程度的关系，揭示出页岩沿垂直层理的对称轴具有很强的横观各向同性，还指出页岩声波速度各向异性度与黏土矿物的择优取向指数间有强烈的正相关关系，而高围压下的各向异性主要是由平行层理的黏土矿物的择优取向排列方式引起的。Kuila 等[34]通过不同层理方位页岩的多级三轴加载试验和声波速度测试试验，研究了页岩应力各向异性、波速各向异性及二者间的关系，指出页岩的固有各向异性和应力诱导的各向异性均是由叠层、矿物颗粒的定向排列和闭合微裂纹等微观结构特征决定的，沿最大地应力方向的矿物定向排列是不同应力条件下波速各向异性的主控因素。熊健等[35]通过页岩的超声波透射试验，指出波速随层理角度的增加或频率的减小而减小；衰减系数随角度或频率的增加而增大，平行层理方向的波速与层理密度呈线性正相关，而垂直层理方向的波速与层理密度呈线性负相关。石晓明等[36]指出页岩纵横波波速比与层理方向不具有相关性，而与微裂缝的主要发育方向有关；

纵横波传播方向与层理的夹角越小，纵横波速度越大；不同层理方向下的纵波速度和横波速度始终保持线性相关，其斜率、截距分别与层理、微裂缝相关；动态弹性模量和层理方向有良好的相关性，主要受层理影响，而动态泊松比与层理方向无关，主要受微裂缝影响。

Wang 等[37]、Favero 等[38]、Jin 等[39]、Yang 等[40]、Cho 等[41]、Cao 等[42]、Niandou 等[43]、贾长贵等[44]、陈天宇等[45]、何柏等[46]、衡帅等[47]、尹帅等[48]通过单轴及三轴压缩试验，分析了页岩力学特性、强度特征和破裂模式的各向异性特征，揭示了破裂机制的各向异性，指出：① 页岩具有明显的各向异性特征，弹性模量在平行层理方向最大、垂直层理方向最小，且围压的增加使其增加速率不断减小；0°、30°和 60°、90°页岩的泊松比随围压的增加呈现出了相反的变化规律，这可能与页岩层理间孔隙和微裂缝的良好发育有关。② 相同围压下，0°页岩强度最高，90°次之，30°最低，总体上呈现出两边高、中间低的 U 形变化规律，而不同方向的 Hoek-Brown 强度准则能较好地反映其强度的各向异性特征。③ 页岩破裂模式的各向异性是由破坏机制的各向异性引起的，而强度的各向异性是由破坏机制的各向异性控制的。单轴压缩时，0°页岩为沿层理的张拉劈裂破坏，30°页岩为沿层理的剪切滑移破坏，60°页岩为贯穿层理和沿层理的复合剪切破坏，90°页岩为贯穿层理的张拉破坏。三轴压缩时，0°页岩为贯穿层理的共轭剪切破坏，30°页岩为沿层理的剪切滑移破坏，60°页岩和 90°页岩为贯穿层理的剪切破坏。页岩地层的层状沉积结构和层理间的弱胶结作用是破坏机制各向异性的根源。

Simpson[49]、Wang 等[50]、Li 等[51]、Zhang 等[52]、He 等[53]、侯鹏等[54-55]、杨志鹏等[56]、杜梦萍等[57]、马天寿等[58]通过不同层理方位页岩的巴西劈裂试验，分析了抗拉强度、破裂形态和破裂机制的各向异性特征，指出了变形破坏过程中吸收能的变化规律，揭示了层理方位、抗拉强度、声发射能量与最终吸收能间的关系，指出：① 页岩的抗拉强度受层理方位影响明显，表现出明显的各向异性特征，垂直层理加载时抗拉强度最高，沿层理加载时抗拉强度最小；在 $0° \leqslant \theta \leqslant 30°$ 和 $60° \leqslant \theta \leqslant 90°$ 范围内，抗拉强度变化较小，而在 $30° \leqslant \theta \leqslant 60°$ 范围内，抗拉强度随层理角度的增大迅速升高。② 试样破裂模式可分为直线形、月牙形和曲弧形三种类型，低层理角度时破裂模式较单一，而高层理角度时破裂模式较复杂，存在多种破裂形态。③ 吸收能随载荷增加呈非线性增大，吸收能增长速率的变化规律表明，页岩发生拉伸滑移、滑移拉伸、纯拉伸、滑移和压张型拉伸破坏的剧烈程度依次减弱。④ 低层理角度页岩的最终吸收能较小，高层理角度页岩的最终吸收能较大，在 $30° \leqslant \theta \leqslant 60°$ 范围内，最终吸收能变化跨度最大，其与抗拉强度和声发射能量均存在二次非线性关系。

Heng 等[59-61]基于不同层理方位页岩的直剪试验，根据剪切破裂机制和剪应力集中系数的各向异性特征，分析了抗剪强度各向异性的原因，指出：① 层理为页岩地层的薄弱面，其黏聚力和内摩擦角明显小于基质体，抗剪强度也最低。② 0°、30°、60°和 90°四个层理方位中，抗剪强度的最大值在 60°时取得，且 0°、30°和 60°页岩的剪应力-剪切位移曲线均表现出剪切强度随滑动而弱化的特点。③ 页岩剪切破裂机制可分为沿基质体的剪切破坏、沿层理的张拉和基质体剪切的复合破坏、沿层理的剪切滑移三种模式，且抗剪强度的各向异性是由剪切破裂机制的各向异性控制的。④ 剪应力集中系数在一定程度上反映了岩石直剪时剪切承载力的强弱，可用来分析页岩抗剪强度的各向异性特征；相同法向应力下，90°页岩的剪应力集中系数最大，抗剪强度最低，而 60°页岩的剪应力集中系数最小，抗剪强度最高。

Schmidt 等[62]、Lee 等[63]、Chandler 等[64]、Wang 等[65]、衡帅等[66]、郭海萱等[67]、赵子江等[68]、吕有厂[69]通过三点弯曲或其他试验方法指出页岩Ⅰ型断裂韧性 K_{IC} 表现出了明显的各向异性特征，其变化范围一般为 0.2～1.1 MPa · $m^{1/2}$，当预制裂缝垂直层理时 K_{IC}最大，沿层理时最小，且 K_{IC}随裂缝与层理夹角的增大逐渐增大；当不沿层理预制裂缝时，裂缝会转向层理或最大拉应力方向扩展，且裂缝扩展过程中不仅会出现张拉破裂，还出现了剪切、张-剪复合破裂现象；当裂缝与层理夹角在 45°以内时，裂缝易转向层理扩展，而当夹角大于 45°时，裂缝易穿过层理扩展。此外，页岩的Ⅰ型断裂韧性随加载速率的增加逐渐增大，加载速率对断裂韧性的影响主要是岩石内部损伤发展和演化的作用时间。Mahanta 等[70]通过半圆盘三点弯曲方法分析了页岩Ⅰ型、Ⅱ型及Ⅰ-Ⅱ复合型断裂韧性以及能量释放率及其应变率效应，指出在裂缝倾角 0°～40°范围内Ⅰ型断裂韧性 K_{IC}随裂缝倾角的增大逐渐减小，而Ⅱ型断裂韧性 K_{IIC}随裂缝倾角的增大逐渐增大，且在 40°倾角时，裂缝处于纯剪切状态，而Ⅰ型和Ⅱ型断裂韧性均随应变速率的增大而增大；Ⅰ型裂缝能量释放率最大，加载时耗能最少，最容易扩展，而Ⅱ型裂缝能量释放率最小，加载时耗能最大，最不容易扩展。陈建国等[71]、张明明[72]通过直切口巴西圆盘和半圆盘试样测试了龙马溪组页岩Ⅰ型及Ⅱ型断裂韧性的大小，但得出了完全相反的结论，且没有考虑层理的方向效应，也没有分析裂缝扩展路径的差异。

Mashhadian 等[73]、Zeng 等[74]、Zhao 等[75]、Fan 等[76]、Liu 等[77]、Wu 等[78]、时贤等[79]、贾锁刚等[80]采用点矩阵纳米压痕技术对页岩的弹性模量、硬度、断裂韧性等力学参数进行测量，指出：① 纳米尺度下页岩弹性模量与硬度、断裂韧性之间具有良好的线性关系，垂直层理方向的弹性模量、硬度、断裂韧性等略小于平行层理方向；② 力学参数的非均质性满足韦伯分布，硬度离散性最强，主要是由页岩的非均质性和压痕投影不确定性导致；③ 纳米尺度下的力学参数高于尺度升级模型和单轴力学试验结果，不同尺度下的力学参数存在差异性，岩心尺寸越大，颗粒间孔隙和内部缺陷越多，力学参数值减小；④ 页岩黏土基质力学特性在纳米尺度上具有各向异性，纳米尺度力学参数与层理方向相关，不同力学参数的各向异性表现不同，杨氏模量各向异性较弱，断裂韧性各向异性较强，且平行层理方向的断裂韧性为垂直层理方向断裂韧性的 80%。

1.2.3　页岩断裂行为的各向异性特征

目前，国内外学者对不同加载条件下页岩断裂行为的各向异性特征进行了大量研究。Jin 等[39]、Lora 等[81]通过单轴压缩试验指出沿层理和垂直层理加载时 Marcellus 页岩发生轴向劈裂破坏，与层理成 30°和 45°角加载时发生沿层理的剪切滑移破坏，而当与层理成 60°角加载时破裂路径较曲折，形成沿层理和贯穿层理的张-剪复合破裂。Amann 等[82-83]指出垂直层理加载时，低围压（<0.5 MPa）下 Opalinus 页岩（单轴抗压强度约 6 MPa）为近似轴向劈裂破坏；中等围压（0.5～2 MPa）下，破裂面倾角减小，破裂机制向剪切过渡；高围压（2～4 MPa）下，轴向劈裂完全消失，破裂面呈 50°～60°倾角，破裂机制为沿层理和贯穿层理的剪切破裂。Niandou 等[43]指出低围压下 Tournemire 页岩主要为沿层理和贯穿层理的张拉破裂、沿层理的剪切破裂，而高围压下层理方位对破裂机制的影响逐渐减小，主要为沿层理和贯穿层理的剪切破裂。Bonnelye 等[84]进一步指出极高围压（80 MPa 和 160 MPa）下 Tournemire 页岩的破裂模式和破裂机制受围压的影响不大，水平层理试样主要为贯穿层理的剪切破裂；较强的塑性使垂直层理试样出现了复杂的裂缝形态；而层理 45°试样仍为沿层理的剪切破裂，但破裂面数量明显增加。Wu 等[85]、陈天宇等[45]、何柏等[46]、衡帅等[47]、尹帅等[48]指出龙马溪或牛蹄塘页岩破裂形态及破裂机制与围压大小和层理方位直接相关，单轴压缩时，破裂形态的层理方向效应显著，破裂机制较复杂，既有沿层理和贯穿层理的张拉破裂，也有剪切或张-剪复合破裂；随围压的增大，围压效应增强而层理方向效应减弱，裂缝的扩展形态逐渐简单，破裂机制也趋于单一，主要为沿层理和贯穿层理的剪切破裂；而层理较低的抗拉和抗剪强度是其断裂行为和断裂机制呈现出明显层理方向效应的主要原因。

三轴压缩方法虽然能较直观地分析不同层理方位页岩剪切裂缝的扩展形态，但剪切破裂面的不确定性和裂缝起裂点的随机性为剪切裂缝扩展演化的分析带来极大困难。而直剪法却能克服该缺点，且试验方法简单，是分析页岩剪切裂缝扩展行为层理方向效应最直接、最简单的方法之一。然而，目前国内外学者多通过直剪试验测试岩石某一特定剪切面的抗剪强度参数，而对剪切裂缝扩展行为的研究相对较少。Frash 等[86-87]、Carey 等[88]通过三轴直剪试验和 X 射线断层扫描方法实时观察了 Marcellus 页岩直剪时的裂缝扩展形态，指出直剪时形成的不是简单的平面状裂缝，而是复杂的锯齿状裂缝，且裂缝形态沿剪切面呈现出了明显的非均质性，而锯齿状裂缝形态是由不同尺度的雁列状裂缝引起的，剪切面与优势破裂面的不协调是剪切破裂面形态较复杂的主要原因。衡帅等[89]通过直剪试验系统研究了不同层理方位页岩剪切裂缝的扩展行为，探讨了直剪过程中雁列状裂缝成核、扩展、连接及贯通后形成宏观剪切裂缝的力学机制及其层理方向效应，指出：① 直剪时，剪切力诱导的张拉作用会在剪切面附近产生雁列状微裂缝，而雁列状微裂缝的进一步扩展、连接及贯通等形成宏观剪切破裂带，剪切破裂带的宽度不均一，表现出明显的非均质性。② 对层状页岩，直剪时一般沿层理形成雁列状裂缝，而层理的开裂程度与开裂方向与层理方位直接相关，表现出明显的层理方向效应；沿层理剪切时极难形成斜穿层理的雁列状裂缝，剪切面为层理面，较平直、光滑；与层理成 30°和 60°角剪切时，均形成了沿层理的雁列状裂缝，且 30°时更明显；垂直层理剪切时，仍能观察到一定程度的层理开裂，但已较微弱。③ 雁列状裂缝相互沟通后形成的剪切破裂面多呈锯齿状，摩擦滑动时易出现擦痕和磨损现象，而法向压力能明显抑制雁列状裂缝的产生，使剪切面趋于光滑。④ 当剪切力与层理成一定夹角时，剪切力能诱导大量的层理开裂，形成复杂的裂缝形态，而该裂缝形态多局限于剪切破裂带，表现出明显的变形局部化。Cheng 等[90]、许江等[91-92]通过自行研制的煤岩细观剪切试验装置探究了煤岩剪切过程中微细观裂纹萌生、扩展及贯通的全过程，指出煤岩在剪切破裂过程中会产生雁列状排列的裂纹，而雁列状裂纹相互贯通后形成宏观的剪切破裂面，煤岩在剪切过程中张拉和剪切破裂并存。Heng 等[59]、Wang 等[93]通过直剪试验研究了页岩和麻粒岩抗剪强度、断裂行为及断裂机制的层理方向效应，指出层理方位对页岩或麻粒岩的抗剪强度及断裂行为影响较大，沿层理和垂直层理剪切时破裂面较单一、较窄，而倾斜层理剪切时剪切破裂面的周围会出现大量的层理开裂现象，剪切破裂面较复杂、较宽。Wang 等[93]通过离散元法进一步分析了不同层理方位麻粒岩剪切面周围的裂缝形态，均观察到了不同程度的层理开裂及雁列状裂缝，且表现出明显的层理方向效应。

Lee 等[63]、Chandler 等[64]、Wang 等[65]、Forbes 等[94]、Luo 等[95]、Dou 等[96]采用半圆盘或柱形直切口试样，通过三点弯曲方法研究了预制裂缝与层理成不同方位时断裂行为的各向异性特征，并初步探讨了层理方位对张拉条件下裂缝扩展演化的影响，结果表明页岩断裂行为具有明显的层理方向效应，当预制裂缝沿层理时断裂韧性最小，阻止裂缝扩展的能力最弱，裂缝扩展路径一般为层理，较平直；当裂缝垂直层理且沿 Arrester 方位扩展时，断裂韧性较大，阻止裂缝扩展的能力较强，扩展路径曲折，易转向层理扩展，而转向后的裂缝不再是纯拉伸裂缝；当裂缝垂直层理且沿 Divider 方位扩展时，断裂韧性也较大，裂缝扩展路径或平直或呈弧形，而 Arrester 和 Divider 方位断裂韧性相差不大，几乎同为最大值。此外，Forbes 等[94]和 Dou 等[96]还探讨了任意层理方位下页岩的断裂行为，指出裂缝倾斜层理扩展时易转向层理扩展，且伴随一定程度的层理剪切滑移。衡帅等[66]、郭海萱等[67]、赵子江等[68]、吕有厂[69]通过半圆盘或圆柱形直切口试样的三点弯曲方法研究了预制裂缝与层理成不同方位时断裂行为的各向异性特征，得出了与 Forbes 等[94-96]相似的结论，即预制裂缝垂直层理时，扩展路径易偏移，而当预制裂缝沿层理时，扩展路径较平直，没有发生转向现象。

Simpson[49]、Zhang 等[52]、He 等[53]、Forbes 等[94]、Mokhtari 等[97]、Nath 等[98]、Wang 等[99]、Li 等[100]通过不同层理方位页岩的巴西劈裂试验分析了页岩断裂行为的层理方向效应，研究结果表明：张拉作用下页岩断裂行为的层理方向效应明显，当沿层理加载时，裂缝沿层理扩展，扩展路径为层理，破裂机制较单一，为沿层理的张拉破裂；而垂直层理加载且为 Arrester 方位时，裂缝扩展路径或平直或出现一定程度的偏移，破裂机制为贯穿层理的张拉破裂或张-剪复合破裂，层理对裂缝的扩展起一定的控制作用；而垂直层理加载且为 Divider 方位时，裂缝一般较平直且通过试样的中心，无转向现象，破裂机制为沿基质体的张拉破裂，层理对裂缝的扩展影响较小；当倾斜层理加载时，层理方向效应明显，裂缝扩展路径成弧形或多裂缝同时扩展的非平面形态，且伴随一定范围的层理剪切滑移，扩展中有转向层理的趋势，破裂机制也较复杂，多数情况下为张-剪复合破裂，甚至某些情况下为纯剪切破裂；当加载方向与层理的夹角相对较小时，更容易出现层理的剪切滑移。总之，随层理与荷载间夹角的增大，抗拉强度逐渐增大，沿层理时抗拉强度最小，但垂直层理时并不一定最大，有时甚至在与层理近似成 75°角的方位[97,100]。此外，Nath 等[98]、Simpson[49]还通过数字图像或高速摄像机观测等方法初步分析了裂缝起裂与扩展行为的层理方向效应。Nath 等[98]指出仅沿层理加载时裂缝自圆盘中心起裂，且主裂缝沿层理扩展时还有平行主裂缝的次生裂缝沿层理起裂和扩展，而加载方向垂直层理或与层理成一定夹角时，裂缝主要自两加载鄂附近起裂，且扩展中易转向层理，并伴随有不同程度的层理剪切滑移，扩展机制以剪切为主。但 Simpson[49]的研究结果却相反，观察到的不同层理方位裂缝均自圆盘中心起裂，在扩展中虽伴随有层理剪切滑移，但扩展路径整体较平直，扩展机制以张拉为主。侯鹏等[54-55]、杨志鹏等[56]、杜梦萍等[57]、张树文等[101]也通过不同层理方位页岩的巴西劈裂试验分析了页岩断裂行为的层理方向效应。侯鹏等[54-55]还通过高速摄像机和数字图像相关技术全程跟踪了裂缝的起裂、扩展和贯通的全过程，也得出了与 Forbes 等[94]相似的结论，且研究结果也再次表明，层理方位不仅对裂缝起裂点的影响较大，还对裂缝扩展路径的影响也较大。

1.2.4 存在的问题

目前，我国页岩气开发虽然已实现了大规模商业化，但长水平井钻井和体积压裂两大关键核心技术尚未完全攻破，因此，针对我国页岩气储层的复杂地质特征，开发有针对性的水平井多尺度缝网压裂理论与技术，才能实现页岩气更大规模的高效开发，而这其中多尺度复杂裂缝网络的扩展演化规律及其形成机理是实施体积压裂必须首先解决的基础问题。

目前通过室内物理模拟试验和数值计算等方法对页岩压裂多尺度复杂裂缝网络的扩展演化过程及形成机理有一定研究，但鉴于页岩特殊的地质特征与力学性质，影响裂缝扩展形态的因素过多，且各因素间相互干扰，无法厘清层理（天然裂缝）和应力状态这两个关键因素的主控作用，以至于对裂缝的复杂扩展行为及其控制机制等关键问题仍认识不清。就不同加载条件下页岩裂缝扩展行为来讲，主要存在如下问题：

（1）对页岩层理和基质体力学性质的不协调性认识不足。目前，国内外学者虽然对不同加载条件下页岩力学性质的各向异性特征研究较多，但大多数研究是在重复探讨不同加载条件下页岩弹性模量、抗压强度、抗拉强度、抗剪强度及断裂韧性等力学参数的层理方向效应，且很少对其进行系统研究，更没有对层理和基质体力学性质及其差异性进行定量确定，从而导致对页岩层理和基质体力学性质的不匹配性认识极为不足。

（2）缺乏对不同加载条件下页岩断裂行为各向异性特征的系统研究。目前，虽然国内外学者对不同加载条件下页岩断裂行为的各向异性特征有较多研究，且获得了较多有益认识，但大多数研究均是针对某一特定加载条件进行的，尚缺乏对页岩断裂行为各向异性的系统认识，这将严重影响对页岩压裂复杂网状裂缝形成机理及调控方法的认识。

(3) 缺乏对页岩不同模式裂缝复杂扩展行为及其控制机制的深入认识。纵观国内外文献，虽然大家都观测到各应力状态下页岩裂缝复杂扩展行为的层理方向效应，且认识到沿层理或天然裂缝剪切滑移对裂缝复杂扩展行为的重要性，但大多研究仍是在重复探讨各控制因素对裂缝扩展形态的影响上，没有抓住层理(天然裂缝)和应力条件的主控作用，尤其对剪切裂缝和张-剪复合裂缝扩展行为的控制作用研究极少。因此，页岩不同模式裂缝复杂扩展行为及其控制机制仍需深入研究。

1.3 研究内容及研究方法

本书以渝东下志留统龙马溪组页岩为研究对象，在国内外已有研究成果的基础上，综合运用理论分析、室内试验和数值计算等方法，系统地研究了页岩气储层的微观结构特征、层理与天然裂缝的发育特征、不同加载条件下页岩力学性质和断裂行为的各向异性特征，揭示了不同模式裂缝复杂扩展行为的主控因素及其影响规律等。本书所采用的技术路线如图 1-3 所示。主要研究内容为：

(1) 横观各向同性材料的弹性本构理论：系统介绍了横观各向同性材料的弹性本构理论、表征横观各向同性材料各向异性特征的 5 个独立弹性参数、不同方向独立弹性常数间的坐标转换和弹性常数间的热力学约束条件，并给出了测试横观各向同性岩体 5 个独立弹性常数的单轴压缩方法，为全面认识层状岩体强度、变形特征和断裂行为等的各向异性提供了理论基础。

(2) 页岩微观结构、层理与天然裂缝发育特征：以重庆彭水页岩气示范区块储层自然延伸的石柱漆辽下志留统龙马溪组露头页岩为研究对象，结合现场地质状况，通过现场勘查、露头取样及 X 射线衍射矿物组分分析等，研究页岩的岩性特征，通过大型工业 CT 扫描和 SEM 电子显微镜扫描技术等研究页岩的孔隙结构特征、层理和天然裂缝发育状况等，分析页岩的各向异性和脆性特征，并揭示其各向异性的根源。

(3) 单轴及三轴压缩下页岩力学性质和断裂行为的各向异性特征：通过对不同层理方位页岩的波速测试、单轴及三轴压缩试验，研究页岩纵波波速、抗压强度、弹性模量和泊松比等力学参数的各向异性特征，分析其断裂行为的

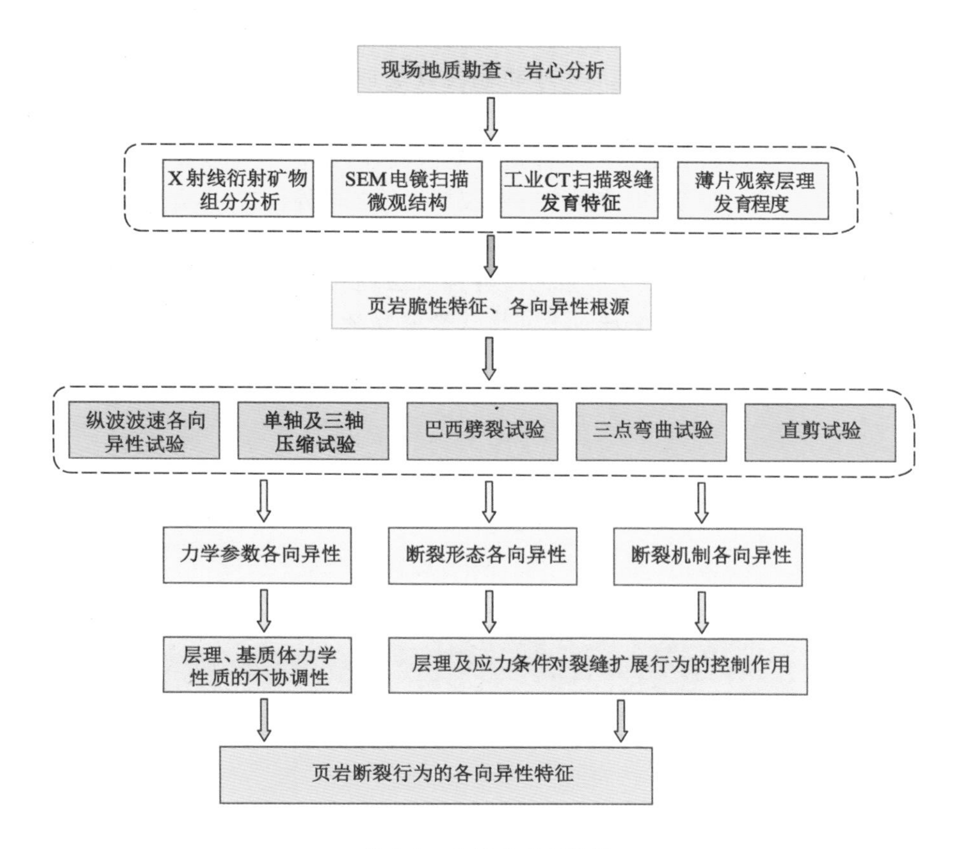

图 1-3 总体技术路线图

层理方向效应，揭示其破裂机制的各向异性特征，探明层理和受力条件对裂缝复杂扩展行为的控制作用，并根据横观各向材料的弹性本构理论，给出表征页岩各向异性特征的 5 个独立弹性参数，为进一步分析复杂网状压裂缝的形成机理及调控方法奠定理论基础。

（4）张拉作用下页岩力学性质和断裂行为的各向异性特征：通过对不同层理方位页岩的巴西劈裂和三点弯曲试验，研究页岩抗拉强度和断裂韧性的各向异性特征，分析其断裂行为的层理方向效应，揭示其破裂机制的各向异性特征，探明层理和受力条件对张拉裂缝复杂扩展行为的控制作用。

（5）剪切作用下页岩力学性质和断裂行为的各向异性特征：通过不同法向应力下不同层理方位页岩直剪试验，系统研究页岩黏聚力、内摩擦角和抗剪强度等剪切力学参数的各向异性特征，分析其断裂行为的层理方向效应，揭示其破裂机制的各向异性特征，并探明直剪过程中雁列状裂缝成核、扩展、连接及贯通后形成宏观剪切裂缝的力学机制及其层理方向效应，揭示层理和受力条件对剪切裂缝复杂扩展行为的控制机制。

(6) 页岩层理和基质体力学性质的不协调性：综合不同加载条件下不同层理方位页岩抗拉强度、抗剪强度和断裂韧性的各向异性特征，并结合其断裂行为和断裂机制的各向异性特征，指出页岩层理和基质体的力学参数，并对比分析页岩层理和基质体力学参数的差异性及层理的非均匀性，指出层理为页岩地层的薄弱面，为分析层理对不同模式裂缝复杂扩展行为的控制作用提供理论依据。

第 2 章　横观各向同性弹性本构理论

黏土矿物在沉积、压实过程中的择优取向使不同矿物颗粒的排列和分布具有明显的方向性，而微裂隙的定向排列进一步强化了沉积方向效应，使页岩表现出明显的各向异性特征。根据沉积特点，可近似认为平行层理的平面表现出各向同性，而垂直层理的平面表现出各向异性，即假定页岩为横观各向同性材料[39-40,102-103]。

针对页岩的各向异性特征，本章详细介绍了横观各向同性材料的弹性本构理论、获取任意方向应力-应变关系的坐标转轴公式、表征横观各向同性材料各向异性特征的 5 个独立弹性常数及其热力学约束关系、测量横观各向同性材料 5 个独立弹性常数的方法。

2.1　横观各向同性材料的弹性本构模型

1977 年，Savin 等[104]基于连续介质理论，从广义胡克定律出发，推导了弹性各向异性体的本构方程，奠定了求解各向异性问题的理论基础。按照弹性体的物理力学参数，各向异性体可划分为极端各向异性体、单对称各向异性体、正交各向异性体和横观各向同性体。

物体内任意一点沿任意两个不同方向的物理力学性质均不同的称为极端各向异性体，有 21 个独立的弹性参数。物体内任意一点都存在一个弹性对称面，在任意一个与该面对称的方向上弹性体的弹性性质相同，称为单对称各向异性体，独立的弹性参数减少为 13 个。而当物体内含有 3 个正交的弹性对称面时为正交各向异性，包含 9 个独立的弹性常数，一般广泛存在于煤岩[105-106]。而横观各向同性体又是正交各向异性体的一种特殊情况，其特点是在平行于某一平面的所有各个方向（又称横向）上都具有相同的弹性性质，而与之垂直的方向（又称纵向）上弹性性质不同，包含 5 个独立的弹性常数。岩体中一般存在层理、片理、页理、裂隙和节理等层状、片状和不连续状的结构面，而这些不连续面经常被视作对称面。因此，横观各向同性体是应用最为广泛的岩石力学模型之一[107-109]。

由各向异性弹性体的广义胡克定律[104]可知，极端各向异性弹性体内任意一点的应力-应变关系可表示为：

$$\{\sigma\}=[C]\{\varepsilon\} \tag{2-1}$$

或

$$\{\varepsilon\}=[S]\{\sigma\} \tag{2-2}$$

式中，$\{\sigma\}$和$\{\varepsilon\}$分别为应力矩阵和应变矩阵；$[C]$和$[S]$分别为刚度矩阵和柔度矩阵，各有 36 个弹性参数。

$$\{\sigma\}=[\sigma_x \quad \sigma_y \quad \sigma_z \quad \tau_{yz} \quad \tau_{zx} \quad \tau_{xy}]^{\mathrm{T}} \tag{2-3}$$

$$\{\varepsilon\}=[\varepsilon_x \quad \varepsilon_y \quad \varepsilon_z \quad \gamma_{yz} \quad \gamma_{zx} \quad \gamma_{xy}]^{\mathrm{T}} \tag{2-4}$$

$$[C]=\begin{bmatrix} C_{11} & C_{12} & C_{13} & C_{14} & C_{15} & C_{16} \\ C_{21} & C_{22} & C_{23} & C_{24} & C_{25} & C_{26} \\ C_{31} & C_{32} & C_{33} & C_{34} & C_{35} & C_{36} \\ C_{41} & C_{42} & C_{43} & C_{44} & C_{45} & C_{46} \\ C_{51} & C_{52} & C_{53} & C_{54} & C_{55} & C_{56} \\ C_{61} & C_{62} & C_{63} & C_{64} & C_{65} & C_{66} \end{bmatrix} \tag{2-5}$$

由于$[S]=[C]^{-1}$，故当已知刚度矩阵$[C]$，即可求得柔度矩阵$[S]$。根据弹性应变能原理，可证明刚度矩阵$[C]$和柔度矩阵$[S]$均为对称矩阵，且 36 个弹性参数中仅有 21 个独立的弹性参数，即刚度矩阵可改写为：

$$[C]=\begin{bmatrix} C_{11} & C_{12} & C_{13} & C_{14} & C_{15} & C_{16} \\ & C_{22} & C_{23} & C_{24} & C_{25} & C_{26} \\ & & C_{33} & C_{34} & C_{35} & C_{36} \\ & & & C_{44} & C_{45} & C_{46} \\ & \text{对称} & & & C_{55} & C_{56} \\ & & & & & C_{66} \end{bmatrix} \tag{2-6}$$

同理，可以证明柔度矩阵$[S]$也仅有 21 个独立弹性参数。

2.1.1 单对称各向异性体弹性本构关系

对单对称各向异性体，任意一点都存在一个弹性对称面，在任意两个与此面对称的方向上，弹性体的弹性性质相同。与对称面相垂直的方向，称为弹性主向。如图 2-1 所示，在直角坐标系 $Oxyz$ 中，假定 xOy 是弹性对称面，则柔度矩阵$[S]$中应有[110]：

$$a_{4i}=a_{5i}=a_{46}=a_{56}=0, \quad i=1,2,3 \tag{2-7}$$

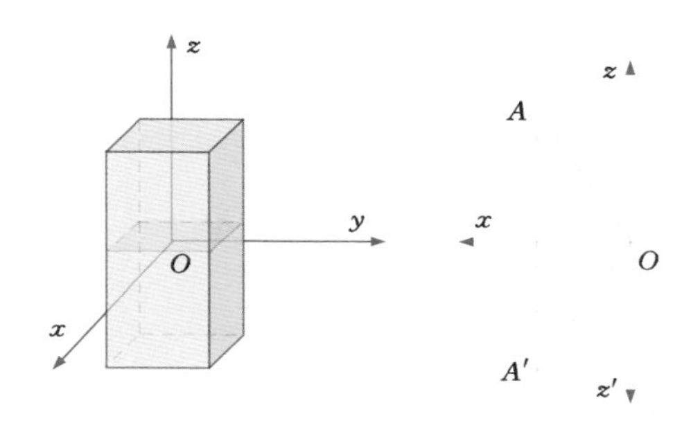

图 2-1　弹性对称面

此时，弹性矩阵中的独立弹性常数减少为 13 个。根据式(2-2)，其本构关系为：

$$\begin{Bmatrix} \varepsilon_x \\ \varepsilon_y \\ \varepsilon_z \\ \gamma_{xy} \\ \gamma_{yz} \\ \gamma_{zx} \end{Bmatrix} = \begin{bmatrix} a_{11} & a_{12} & a_{13} & 0 & 0 & a_{16} \\ & a_{22} & a_{23} & 0 & 0 & a_{26} \\ & & a_{33} & 0 & 0 & a_{36} \\ & & & a_{44} & a_{45} & 0 \\ & \text{对称} & & & a_{55} & 0 \\ & & & & & a_{66} \end{bmatrix} \begin{Bmatrix} \sigma_x \\ \sigma_y \\ \sigma_z \\ \sigma_{xy} \\ \sigma_{yz} \\ \sigma_{zx} \end{Bmatrix} \tag{2-8}$$

2.1.2　正交各向异性体弹性本构关系

对正交各向异性弹性体，存在 3 个正交弹性对称面，同一对称面两边对称方向上弹性性质相同，但两两正交的 3 个方向上弹性性质不同。如图 2-2 所示，假设弹性主轴方向与坐标轴 x、y 和 z 重合，则根据对称关系，正应力分量

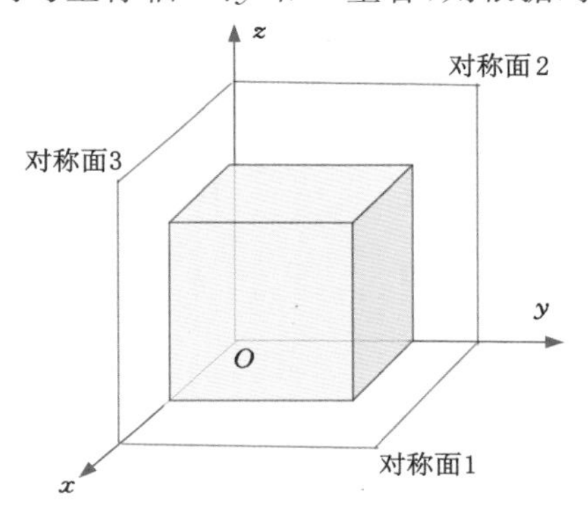

图 2-2　正交各向异性弹性体示意图

只引起线应变，剪应力分量只引起剪应变，则柔度矩阵[S]中弹性常数除满足式(2-7)外，还应满足：

$$a_{16}=a_{26}=a_{36}=a_{45}=0 \tag{2-9}$$

从而，正交各向异性弹性体仅有9个独立的弹性参数，其弹性本构关系为：

$$\begin{Bmatrix}\varepsilon_x\\ \varepsilon_y\\ \varepsilon_z\\ \gamma_{xy}\\ \gamma_{yz}\\ \gamma_{zx}\end{Bmatrix}=\begin{bmatrix}a_{11} & a_{12} & a_{13} & 0 & 0 & 0\\ & a_{22} & a_{23} & 0 & 0 & 0\\ & & a_{33} & 0 & 0 & 0\\ & & & a_{44} & 0 & 0\\ & \text{对称} & & & a_{55} & 0\\ & & & & & a_{66}\end{bmatrix}\begin{Bmatrix}\sigma_x\\ \sigma_y\\ \sigma_z\\ \sigma_{xy}\\ \sigma_{yz}\\ \sigma_{zx}\end{Bmatrix} \tag{2-10}$$

其中，柔度系数与工程弹性常数的关系为：

$$[S]=\begin{bmatrix}a_{11} & a_{12} & a_{13} & 0 & 0 & 0\\ a_{12} & a_{22} & a_{23} & 0 & 0 & 0\\ a_{13} & a_{23} & a_{33} & 0 & 0 & 0\\ 0 & 0 & 0 & a_{44} & 0 & 0\\ 0 & 0 & 0 & 0 & a_{55} & 0\\ 0 & 0 & 0 & 0 & 0 & a_{66}\end{bmatrix}$$

$$=\begin{bmatrix}\frac{1}{E_x} & -\frac{\nu_{xy}}{E_y} & -\frac{\nu_{xz}}{E_z} & 0 & 0 & 0\\ -\frac{\nu_{yx}}{E_x} & \frac{1}{E_y} & -\frac{\nu_{yz}}{E_z} & 0 & 0 & 0\\ -\frac{\nu_{zx}}{E_x} & -\frac{\nu_{zy}}{E_y} & \frac{1}{E_z} & 0 & 0 & 0\\ 0 & 0 & 0 & \frac{1}{G_{yz}} & 0 & 0\\ 0 & 0 & 0 & 0 & \frac{1}{G_{zx}} & 0\\ 0 & 0 & 0 & 0 & 0 & \frac{1}{G_{xy}}\end{bmatrix} \tag{2-11}$$

式中，E_x、E_y 和 E_z 分别为弹性体在 x、y、z 弹性主方向的弹性模量，GPa；G_{yz}、G_{zx} 和 G_{xy} 分别为 yz、zx、xy 平面的剪切模量，GPa；ν_{ij} 为单独在 j 方向作用正应力 σ_j 而无其他应力分量时，i 方向应变与 j 方向应变之比的负值，称为泊松比，即：

$$\nu_{ij} = -\frac{\varepsilon_i}{\varepsilon_j}, \quad i = x, y, z \tag{2-12}$$

对正交各向异性材料，只有 9 个独立的弹性常数，所以工程弹性常数间有下列关系[111]：

$$\begin{cases} \dfrac{\nu_{yx}}{E_x} = \dfrac{\nu_{xy}}{E_y} \\ \dfrac{\nu_{zx}}{E_x} = \dfrac{\nu_{xz}}{E_z} \\ \dfrac{\nu_{zy}}{E_y} = \dfrac{\nu_{yz}}{E_z} \end{cases} \quad i, j = x, y, z, \text{但 } i \neq j \tag{2-13}$$

即：

$$\frac{\nu_{ij}}{E_j} = \frac{\nu_{ji}}{E_i}$$

式中，ν_{ij} 共有 6 个，但其中 3 个可由另外 3 个泊松比和 E_x、E_y、E_z 表示。

2.1.3　横观各向同性弹性本构关系

横观各向同性弹性体是正交各向体的特殊情况，其特点是在平行于某一平面的所有各个方向（又称横向）上都有相同的弹性性质，而与之垂直的层面方向（又称纵向）上的弹性性质则不同[110]。对层状岩体，当在层理面内沿层理各方向的物理力学性质相同时，常将其简化为横观各向同性体。如图 2-3 所示，假定 xOy 为横观各向同性面，根据对称原理，柔度矩阵[S]中各弹性参数除满足式(2-7)和式(2-9)外，还应满足：

$$\begin{cases} E_x = E_y = E_1, E_z = E_2 \\ \nu_{xy} = \nu_{yx} = \nu_1, \nu_{zx} = \nu_{zy} = \nu_2 \\ G_{xy} = \dfrac{E_1}{2(1+\nu_1)}, G_{yz} = G_{zx} = G_{12} \end{cases} \tag{2-14}$$

故横观各向同性弹性体的本构关系可简化为：

$$\begin{Bmatrix} \varepsilon_x \\ \varepsilon_y \\ \varepsilon_z \\ \gamma_{xy} \\ \gamma_{yz} \\ \gamma_{zx} \end{Bmatrix} = \begin{bmatrix} a_{11} & a_{12} & a_{13} & 0 & 0 & 0 \\ & a_{22} & a_{23} & 0 & 0 & 0 \\ & & a_{33} & 0 & 0 & 0 \\ & & & a_{44} & 0 & 0 \\ & \text{对称} & & & a_{55} & 0 \\ & & & & & a_{55} \end{bmatrix} \begin{Bmatrix} \sigma_x \\ \sigma_y \\ \sigma_z \\ \sigma_{xy} \\ \sigma_{yz} \\ \sigma_{zx} \end{Bmatrix} \tag{2-15}$$

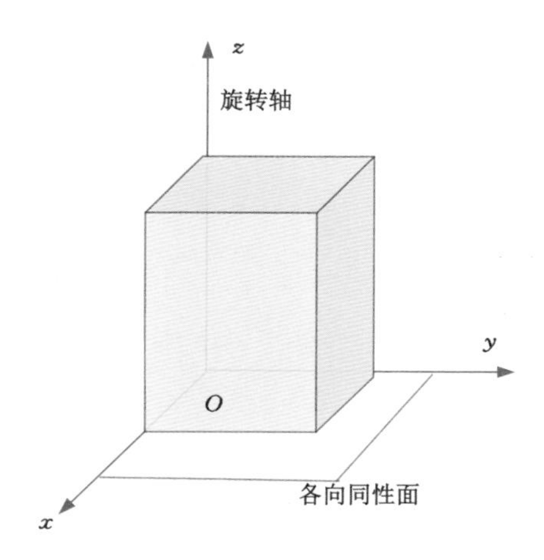

图 2-3　横观各向同性弹性体示意图

柔度矩阵[S]所含参数用工程弹性常数表示为：

$$\begin{cases} a_{11}=a_{22}=\dfrac{1}{E_1}, a_{12}=-\dfrac{\nu_1}{E_1}, a_{13}=a_{23}=-\dfrac{\nu_2}{E_2} \\ a_{33}=\dfrac{1}{E_2}, a_{44}=\dfrac{2(1+\nu_1)}{E_1}, a_{55}=\dfrac{1}{G_{12}} \end{cases} \tag{2-16}$$

式中，E_1 为横观各向同性面（xOy 面）内的弹性模量，GPa；E_2 为垂直横观各向同性面 Oz 方向的弹性模量，GPa；ν_1 为横观各向同性面（xOy 面）内的泊松比；ν_2 为垂直横观各向同性面 Oz 方向的泊松比；G_{12} 为垂直横观各向同性面（xOy 面）内的剪切模量，GPa。

正交各向异性体退化为横观各向同性体后，独立弹性参数的数量由 9 个减少为 5 个，分别为 E_1、E_2、ν_1、ν_2 和 G_{12}，而横观各向同性面内的剪切模量 $G_{11}=E_1/2(1+\nu_1)$ 是 E_1 和 ν_1 的函数，不是独立的弹性参数。

2.2　各向异性弹性常数的坐标转换

弹性常数是物体固有的物理力学特性参数。对各向同性材料，因物体各个方向的物理力学性质一致，弹性常数与坐标系无关，即在任何坐标系中材料弹性常数是不变的。而对各向异性材料，因物体各个方向的物理力学性质不同，其弹性常数取决于所选坐标系的坐标轴方向，常常需要建立坐标系或转换坐标系来求解弹性参数。

各向异性弹性常数可根据张量法则进行坐标转换。对横观各向同性体，建立如图 2-4 所示的整体坐标系(x,y,z)和局部坐标系(x',y',z')，选择横观各向同性面内的 z 轴为其旋转对称轴，绕 z 轴转动 φ 角，整体坐标系(x,y,z)即可转换为局部坐标系(x',y',z')。在局部坐标系(x',y',z')中横观各向同性线弹性本构关系可采用式(2-15)表示。

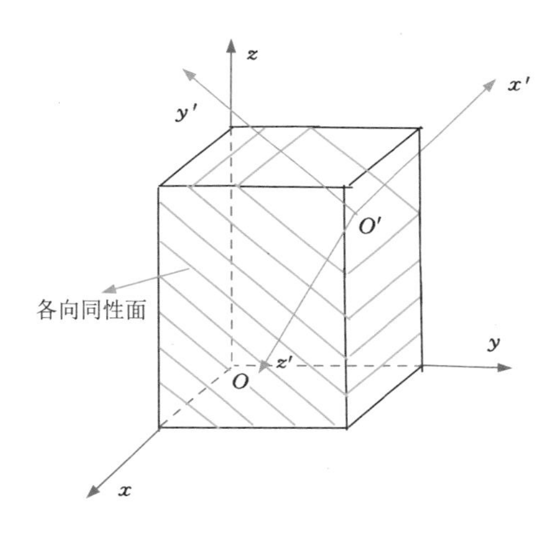

图 2-4　横观各向同性材料弹性常数张量转换的坐标系

整体坐标系(x,y,z)中横观各向同性弹性本构关系可通过局部坐标系(x',y',z')中本构关系的张量转换得到，记整体坐标系中弹性矩阵为$[C]'$，则有：

$$[C]'=[L]^{\mathrm{T}}[C][L] \tag{2-17}$$

其中，转换矩阵$[L]$为：

$$[L]=\begin{bmatrix} \cos^2\varphi & \sin^2\varphi & \sin\varphi\cos\varphi \\ \sin^2\varphi & \cos^2\varphi & -\sin\varphi\cos\varphi \\ -2\sin\varphi\cos\varphi & 2\sin\varphi\cos\varphi & \cos^2\varphi-\sin^2\varphi \end{bmatrix} \tag{2-18}$$

根据式(2-18)中的转换矩阵，可将局部坐标系中的横观各向同性弹性参数转换到整体坐标系中，则有：

$$\begin{Bmatrix}\varepsilon_x\\\varepsilon_y\\\varepsilon_z\\\gamma_{xy}\\\gamma_{yz}\\\gamma_{zx}\end{Bmatrix}=\begin{bmatrix}a_{11}&a_{12}&a_{13}&0&0&a_{16}\\a_{12}&a_{22}&a_{23}&0&0&a_{26}\\a_{13}&a_{23}&a_{33}&0&0&a_{36}\\0&0&0&a_{44}&a_{45}&0\\0&0&0&a_{45}&a_{55}&0\\a_{16}&a_{26}&a_{36}&0&0&a_{66}\end{bmatrix}\begin{Bmatrix}\sigma_x\\\sigma_y\\\sigma_z\\\sigma_{xy}\\\sigma_{yz}\\\sigma_{zx}\end{Bmatrix}\tag{2-19}$$

其中，柔度矩阵[C]中系数 a_{ij} 与局部坐标系(x',y',z')中 5 个弹性常数 E_1、E_2、ν_1、ν_2 和 G_{12} 的关系如下：

$$\begin{cases}a_{11}=\dfrac{1}{E_1}\cos^4\varphi+\dfrac{1}{E_2}\sin^4\varphi+\left(\dfrac{1}{G_{12}}-2\dfrac{\nu_2}{E_2}\right)\sin^2\varphi\cos^2\varphi\\a_{22}=\dfrac{1}{E_1}\sin^4\varphi+\dfrac{1}{E_2}\cos^4\varphi+\left(\dfrac{1}{G_{12}}-2\dfrac{\nu_2}{E_2}\right)\sin^2\varphi\cos^2\varphi\\a_{12}=\left(\dfrac{1}{E_1}+\dfrac{1}{E_2}+2\dfrac{\nu_2}{E_1}-\dfrac{1}{G_{12}}\right)\sin^2\varphi\cos^2\varphi-\dfrac{\nu_2}{E_1}\\a_{13}=-\dfrac{\nu_2}{E_2}\sin^2\varphi-\dfrac{\nu_1}{E_1}\cos^2\varphi,a_{23}=-\dfrac{\nu_2}{E_2}\cos^2\varphi-\dfrac{\nu_1}{E_1}\sin^2\varphi\\a_{33}=\dfrac{1}{E_1},a_{44}=\dfrac{1}{G_{11}}\sin^2\varphi+\dfrac{1}{G_{12}}\cos^2\varphi,a_{45}=\left(\dfrac{1}{G_{12}}-\dfrac{1}{G_{11}}\right)\sin\varphi\cos\varphi\\a_{55}=\dfrac{1}{G_{11}}\cos^2\varphi+\dfrac{1}{G_{12}}\sin^2\varphi,a_{36}=2\left(\dfrac{\nu_1}{E_1}-\dfrac{\nu_2}{E_2}\right)\sin\varphi\cos\varphi\\a_{16}=\left[2\left(\dfrac{1}{E_2}\sin^2\varphi-\dfrac{1}{E_1}\cos^2\varphi\right)+\left(\dfrac{1}{G_{12}}-\dfrac{2\nu_2}{E_1}\right)(\cos^2\varphi-\sin^2\varphi)\right]\sin\varphi\cos\varphi\\a_{26}=\left[2\left(\dfrac{1}{E_2}\cos^2\varphi-\dfrac{1}{E_1}\sin^2\varphi\right)-\left(\dfrac{1}{G_{12}}-\dfrac{2\nu_2}{E_1}\right)(\cos^2\varphi-\sin^2\varphi)\right]\sin\varphi\cos\varphi\\a_{66}=4\left(\dfrac{1}{E_1}+\dfrac{1}{E_2}+\dfrac{2\nu_2}{E_1}-\dfrac{1}{G_{12}}\right)\sin^2\varphi\cos^2\varphi+\dfrac{1}{G_{12}}\end{cases}\tag{2-20}$$

需要指出的是，由于各向异性材料的弹性常数与建立坐标系的坐标轴方向有关，因此，当采用不同的坐标系时，关系式(2-20)有不同的表达形式。

2.3　各向异性弹性常数的热力学约束

根据能量守恒定律，外力所做的功必等于弹性应变能。因此，横观各向同性材料的 5 个独立弹性常数不能任意选取，必须满足热力学约束条件，即应变能必须保持为正定[112-113]。对横观各向同性材料，当应变状态发生改变时单位体积的应变能可以表示成二次型的形式，即$(1/2)\{\sigma\}^{T}[C]\{\sigma\}$。由于应变能要求保持正定，所以二次型表达式必须是正定的。而$(1/2)\{\sigma\}^{T}[C]\{\sigma\}$正定的充要条件是柔度矩阵$[S]$中的顺序主子式全部大于零[110]，其具体表达式为：

$$
\begin{cases}
D_1=\begin{vmatrix}\dfrac{1}{E_1}\end{vmatrix},D_2=\begin{vmatrix}\dfrac{1}{E_1} & -\dfrac{\nu_1}{E_1}\\ -\dfrac{\nu_1}{E_1} & \dfrac{1}{E_1}\end{vmatrix},D_3=\begin{vmatrix}\dfrac{1}{E_1} & -\dfrac{\nu_1}{E_1} & -\dfrac{\nu_2}{E_2}\\ -\dfrac{\nu_1}{E_1} & \dfrac{1}{E_1} & -\dfrac{\nu_2}{E_2}\\ -\dfrac{\nu_2}{E_2} & -\dfrac{\nu_2}{E_2} & \dfrac{1}{E_2}\end{vmatrix}\\
D_4=\begin{vmatrix}D_3 & 0\\ 0 & \dfrac{1}{G_{12}}\end{vmatrix},D_5=\begin{vmatrix}D_3 & 0 & 0\\ 0 & \dfrac{1}{G_{12}} & 0\\ 0 & 0 & \dfrac{1}{G_{12}}\end{vmatrix},D_6=\begin{vmatrix}D_3 & 0 & 0 & 0\\ 0 & \dfrac{1}{G_{12}} & 0 & 0\\ 0 & 0 & \dfrac{1}{G_{12}} & 0\\ 0 & 0 & 0 & \dfrac{1}{G_{11}}\end{vmatrix}
\end{cases}
\tag{2-21}
$$

由柔度矩阵$[S]$的 6 个顺序主子式均大于零可推导出横观各向同性材料的 5 个独立弹性常数间的热力学约束条件为：

$$E_1,E_2,G_{12}>0 \tag{2-22}$$

$$-1<\nu_1<1 \tag{2-23}$$

$$-\sqrt{\frac{E_2}{E_1}\frac{1-\nu_1}{2}}<\nu_2<\sqrt{\frac{E_2}{E_1}\frac{1-\nu_1}{2}} \tag{2-24}$$

Pickering[113]根据式(2-22)、式(2-23)和式(2-24)绘出了独立弹性常数ν_2与E_2/E_1和ν_1间的热力学约束条件的空间分布，其分布形状为抛物面，且垂直和平行抛物面的截面均为抛物线，如图 2-5 所示。

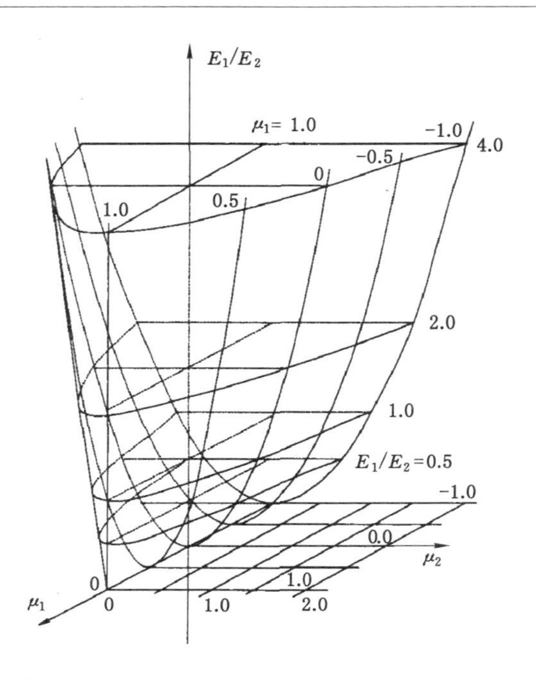

图 2-5　横观各向同性材料独立弹性常数约束条件的空间分布[110]

2.4　横观各向同性弹性参数的测试方法

如何测定表征横观各向同性岩体各向异性特征的 5 个独立弹性参数，一直是岩石力学界的一个研究课题，但到目前为止，还没有一种测试方法得到大家的普遍接受。目前，单轴压缩试验是测定各向异性岩体强度和变形特征参数最简单、最常用的方法[110]。如图 2-6 所示，对三个不同倾角的横观各向同性试样仅在 y 方向施加竖向应力 σ_y，假定试样内部应力和应变分布是均匀的，则有：

$$\begin{cases}\varepsilon_x = K_{12}\sigma_y, \varepsilon_y = K_{22}\sigma_y, \varepsilon_z = K_{23}\sigma_y \\ \gamma_{xy} = K_{26}\sigma_y, \gamma_{yz} = \gamma_{zx} = 0\end{cases} \tag{2-25}$$

式中，系数 K_{12}、K_{22}、K_{23}和 K_{26}意义同式(2-20)。

2.4.1　测定 E_2和 ν_2

如图 2-6(a)所示，沿垂直各向同性面(即各向同性面与水平面间的夹角 $\beta=$

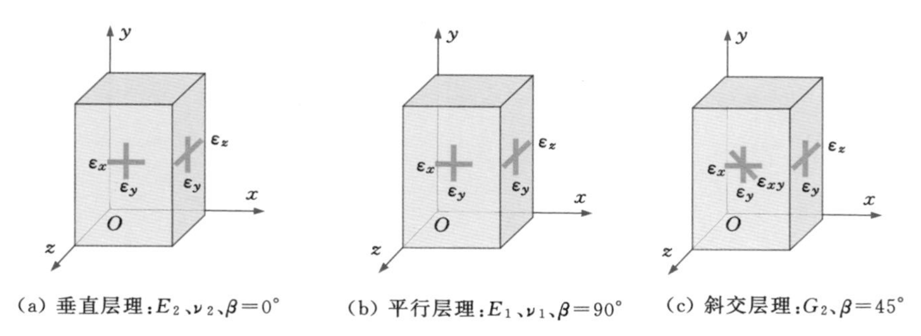

(a) 垂直层理：E_2、ν_2、$\beta=0°$　(b) 平行层理：E_1、ν_1、$\beta=90°$　(c) 斜交层理：G_2、$\beta=45°$

图 2-6　三个不同倾角的横观各向同性试样的单轴压缩试验

0°)方向进行单轴压缩试验，由式(2-25)可进一步简写为：

$$\varepsilon_x=\varepsilon_z=-\nu_2\frac{\sigma_y}{E_2},\varepsilon_y=\frac{\sigma_y}{E_2},\gamma_{xy}=0 \tag{2-26}$$

测定 $\beta=0°$试样三个不同方向的应变 ε_x、ε_y和 ε_z，即可得到 E_2、ν_2为：

$$E_2=\frac{\sigma_y}{\varepsilon_y},\nu_2=-\frac{\varepsilon_x}{\varepsilon_y} \tag{2-27}$$

此时，测得的横向应变 $\varepsilon_x=\varepsilon_z$。

2.4.2　测定 E_1和 ν_1

如图 2-6(b)所示，沿平行各向同性面($\beta=90°$)方向进行单轴压缩试验，测得应变 ε_y和 ε_z，将式(2-25)简化后可得到 E_1和 ν_1为：

$$E_1=\frac{\sigma_y}{\varepsilon_y},\nu_1=-\frac{\varepsilon_z}{\varepsilon_y} \tag{2-28}$$

当 $\beta=90°$时测得的横向应变 $\varepsilon_x\neq\varepsilon_z$，计算 ν_1时应取沿 z 轴方向上的横向应变 ε_z。

2.4.3　测定 G_{12}

如图 2-6(c)所示，对 $\beta=45°$方向试样进行单轴压缩试验，采用 45°应变花测得沿 x、y 和 45°方向的应变，得到如图 2-7 所示的应力-应变曲线，即可推算出第五个弹性常数 G_{12}。

根据弹性力学理论，剪应变为：

$$\gamma_{xy}=2\varepsilon'_{45°}-(\varepsilon'_x+\varepsilon'_y) \tag{2-29}$$

$\beta=45°$方向上的剪应力为：

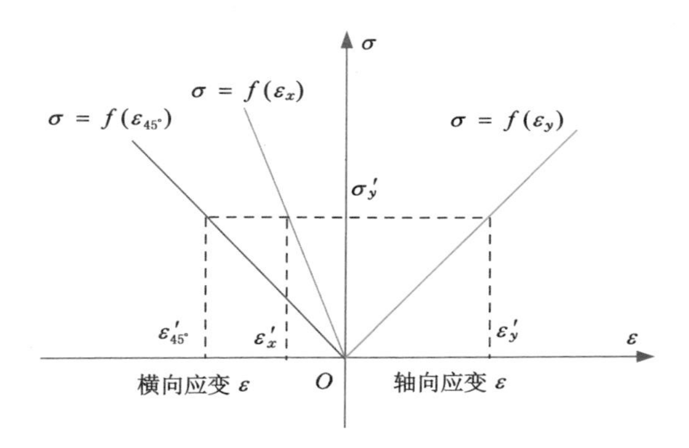

图 2-7 $\beta=45°$试样单轴压缩时的应力-应变曲线

$$\tau_{xy}=\frac{p}{A}\sin\beta\cos\beta=\frac{1}{2}\sigma'_z \tag{2-30}$$

根据剪切模量 G_{12}的定义,可得:

$$G_{12}=\frac{\tau_{xy}}{\gamma_{xy}}=\frac{0.5\sigma'_z}{2\varepsilon'_{45°}-(\varepsilon'_x+\varepsilon'_y)} \tag{2-31}$$

另外,剪切模量 G_{12}也可通过测得的上述 4 个弹性参数 E_1、E_2、ν_1 和 ν_2,根据横观各向同性弹性理论计算确定。定义与 y 轴成任意角度β 方向的弹性模量为 E_β,又称为视弹性模量。由式(2-20)中 a_{22}表达式可得 E_β 与 5 个独立弹性参数间的关系为:

$$\frac{1}{E_\beta}=\frac{\sin^4\beta}{E_1}+\frac{\cos^4\beta}{E_2}+\left(\frac{1}{G_{12}}-2\frac{\nu_2}{E_2}\right)\sin^2\beta\cos^2\beta \tag{2-32}$$

将 $\beta=45°$代入式(2-32),可得:

$$\frac{1}{G_{12}}=\frac{4}{E_{45°}}-\frac{1}{E_1}-\frac{1}{E_2}+\frac{2\nu_2}{E_2} \tag{2-33}$$

如果沿加载方向的视弹性模量 $E_{45°}$、E_1、E_2和 ν_2已知,通过式(2-33)即可确定剪切模量 G_{12}。

此外,从理论上讲,横观各向同性材料的 5 个弹性常数是独立的,且各参数间并不存在确定的理论关系。然而,许多研究表明各弹性常数间仍满足某些简化的经验公式。例如,有研究发现剪切模量 G_{12}与独立弹性常数 E_1、E_2、ν_1 和 ν_2 之间存在如下经验关系[102]:

$$\frac{1}{G_{12}}=\frac{1}{E_1}+\frac{1}{E_2}+\frac{2\nu_2}{E_2} \tag{2-34}$$

Woronthicki[114]基于大量试验结果分析认为，在低各向异性度和中等各向异性度时剪切模量 G_{12} 不满足式(2-34)，而在高各向异性度和极高各向异性度时，满足该经验公式。目前，用式(2-34)估算弹性常数 G_{12} 是否准确一直没有准确定论。但是，考虑到页岩为中等各向异性度，且进行了不同层理方位页岩的单轴压缩试验，因此，本书在计算表征页岩横观各向同性特征的 5 个独立弹性常数时并没有采用该经验公式。

2.5　本章小结

本章系统介绍了横观各向同性材料的弹性本构理论、表征横观各向同性材料各向异性特征的 5 个独立弹性参数、不同方向独立弹性常数间的坐标转换和弹性常数间的热力学约束条件，并给出了测试横观各向同性岩体 5 个独立弹性常数的单轴压缩方法，为全面认识层状岩体强度、变形特征和断裂行为等的各向异性提供了理论基础。

第3章 页岩微观结构与层理、裂缝发育特征

页岩气储层的岩性及微观结构特征决定着页岩气藏的品质，不仅影响含气量，而且能通过该指标对成熟度进行分析，还可为钻井、完井及压裂改造等提供基础资料，是储层评价的核心内容，也是开展页岩气资源调查与选区的基础性工作对象。

针对页岩气储层构造的复杂性和结构的特殊性，本章重点介绍了重庆彭水岩气示范区块储层自然延伸的石柱漆辽下志留统龙马溪组露头页岩的基本地质特征，并通过X射线衍射技术、大型工业CT扫描和SEM电子显微镜扫描技术等研究了露头页岩矿物组分、孔隙结构特征、层理和天然裂缝发育状况，分析了页岩的脆性特征及其各向异性的根源。

3.1 石柱漆辽页岩储层岩性特征

页岩气储层的岩性特征不仅对分析其矿物组分、微观结构和层理、裂隙发育特征等有重要作用，还对分析其基本力学性质、脆性特征、储层可压裂性和水力裂缝的扩展规律等有重要的参考意义，因此，对页岩气储层的岩性特征进行分析对后续研究显得尤为必要。

3.1.1 石柱漆辽页岩露头地质概况

南方海相页岩气储层是我国页岩气资源的主要分布区域之一，也是我国优先进行页岩气勘探开发的试点区块。四川盆地是世界上最早发现油气资源的盆地之一，也是我国西部重要的含油富气盆地。现今，四川盆地地貌特征已十分清楚，四周被高山环绕（图3-1），西有龙门山、邛崃山，北有米仓山、大巴山，东有齐岳山、大娄山，南有峨眉山、大凉山；盆地面积约 1.9×10^{5} km^{2}[115]。盆地内地貌显示具有三分性，即盆西平原地貌、盆中丘陵地貌和盆东山地地貌。

鄂西渝东区地处重庆市和湖北省交接的长江以南地区，构造上位于四川

盆地东缘，建始-彭水断裂以西，跨接四川盆地川东高陡构造带与鄂渝过渡构造带，如图 3-1 和图 3-2 所示。其区域构造的基本轮廓如图 3-2 所示，从南向北表现为北北东-北东-近东西向的弧形褶皱带，为一系列典型的隔挡式构造，自西向东依次包括方斗山复背斜、石柱复向斜、齐岳山复背斜、利川复向斜四个次级构造单元，面积约 20 600 km^2[116]。复背斜区高陡构造翼部往往发育有与主体背斜轴线相平行的潜伏构造。方斗山背斜带、石柱复向斜带属四川盆地构造变形系统川东八面山隔挡式构造带（Ⅱ_1），其背斜带狭窄，由二叠系-三叠系组成，两翼紧闭、发育近于平行的走向逆断层，断层下盘多存在潜伏构造，结构构造特征复杂；向斜带宽缓，为中下侏罗统组成，两翼开阔、地层倾角平缓，局部构造呈北东向斜列式展布，结构构造特征简单[117]。鄂西渝东区域内上奥陶统-下志留统海相页岩广泛发育，以黑色页岩、碳质页岩、黑色笔石页岩、钙质页岩为主，平均厚 120 m[118]。

重庆石柱漆辽页岩露头处于湖北西部、重庆的东部和四川盆地的东部，南与黔北交接，东与湘西为邻，地理坐标为 29°52′47.8″N、108°17′06.6″E，如图 3-1 所示。该地区属于上扬子前陆盆地，位于川中隆起与黔中隆起之间，是上扬子板块的重要组成部分。渝东地区古生代主要沉积海相地层，其中下古生界出露最完整，在该地区分布面积超过了 50%，上古生界发育不完整，部分地层出现缺失，中生界和第四系覆盖于老地层之上。其中，下志留统龙马溪组页岩在该地区保存良好，且出露广泛，为该地区野外露头研究提供了有利条件[119]，该区块为中国石化彭水页岩气勘探区块的自然延伸，附近有涪页井、威 201 井、彭页 1 井等多个页岩气勘探试验井。因此，在石柱县漆辽村选择古生界下志留统龙马溪组页岩为主要研究对象采集了露头页岩。

龙马溪组页岩，除川中和川西地区缺失外，其余地区均连续分布。其下部与五峰组整合接触，上部与石牛栏组、罗惹坪组及小河坝组整合接触，厚 158～600 m[120]。龙马溪组岩性相对简单，为灰黑、黑色薄-厚层状碳质页岩，粉砂岩夹条带状、透镜状泥质泥晶灰岩，向上砂质含量增多，自下而上构成向上变粗的沉积序列。龙马溪组下部的黑色碳质页岩，发育丰富的笔石化石，有机质丰富、染手，区内分布稳定。

页岩试样均取自齐岳山背斜带内石柱县漆辽打风坳剖面（图 3-3）[121]，露头页岩剖面总有机碳（Total Organic Carbon，简称 TOC）介于 1.5%～6.5%之间，平均为 2.5%[122]。该露头页岩是渝东地区海相下志留统龙马溪组页岩气储层延伸露头，保证了露头岩样与龙马溪组页岩气储层岩性的一致性。图 3-4 为经过现场勘查选取的采集地层剖面照片，从中可以看出该地层岩石层理高度

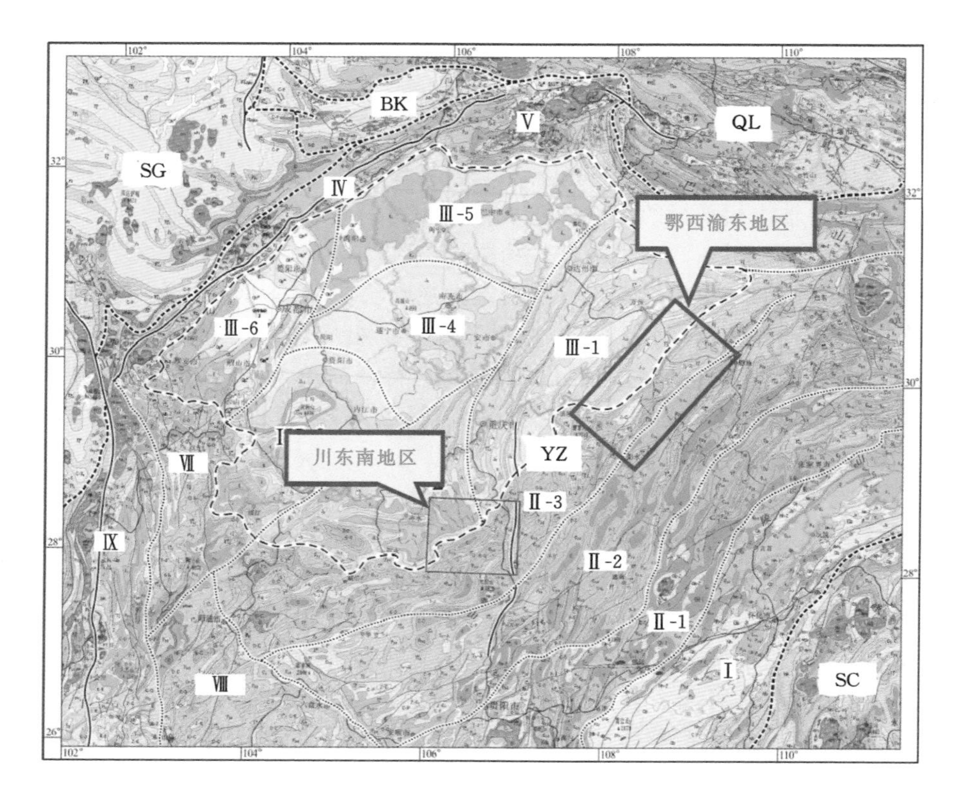

YZ—扬子地块;SC—华南褶皱带;SG—松潘-甘孜褶皱带;QL—秦岭造山带;BK—碧口微地块;
Ⅰ—雪峰山隆起带;Ⅱ—川鄂黔褶皱带;Ⅱ-1—雪峰山-武隆山西缘扩展亚带;
Ⅱ-2—鄂西-渝东-黔北断褶亚带;Ⅱ-3—齐岳山-金佛山-娄山断褶亚带;Ⅲ—四川盆地;
Ⅲ-1—川东高陡断褶带;Ⅲ-2—川南低陡断褶带;Ⅲ-3—川西南低缓断褶带;Ⅲ-4—川中平缓断褶带;
Ⅲ-5—川北平缓断褶带;Ⅲ-6—川西低缓断褶带;Ⅳ—龙门山褶皱冲断带;Ⅴ—米仓山隆起带;
Ⅵ—南大巴山褶皱冲断带;Ⅶ—峨眉山-凉山块断褶带;Ⅷ—滇黔断褶带;Ⅸ—康滇构造带。
(蓝色框内为鄂西渝东地区所在位置;底图据 1∶250 万中国地质图,中国地质调查局)

图 3-1　四川盆地及其邻区构造单元区划图[116]

发育,层理界限水平分布,由厚度为 1 mm 左右十分平直的纹层组成。该页岩露头为黑色至深黑色碳质页岩,薄层至中厚层平行交互,地层倾角为 55°～65°;平行层理发育,黏结力小,极易风化开裂;层理面浪成波痕发育,层面上可见丰富的笔石、放射虫等化石;星散状黄铁矿、黄铁矿结核及石英、方解石充填裂隙矿脉。

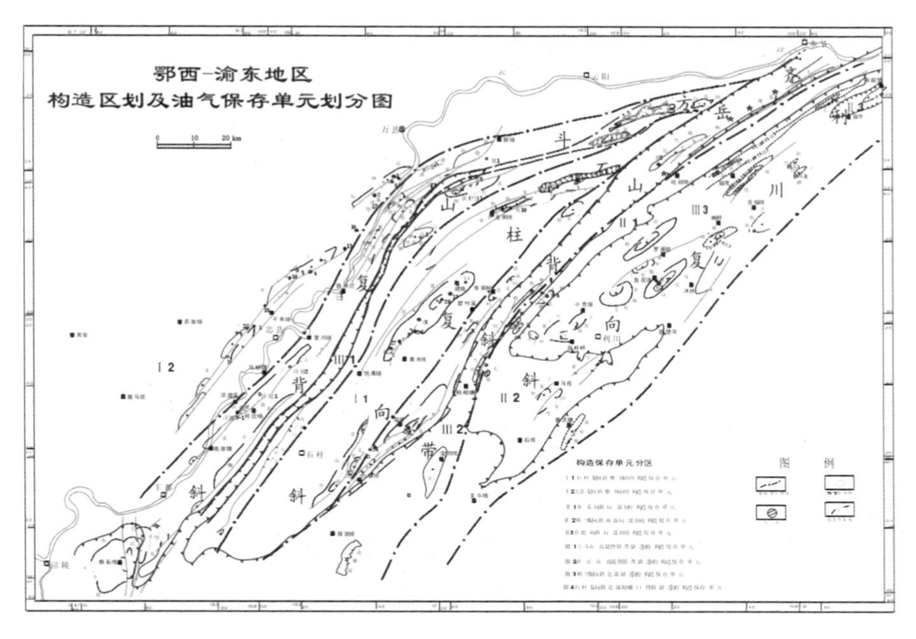

图 3-2　鄂西-渝东地区构造区划及油气保存单元划分图[116]

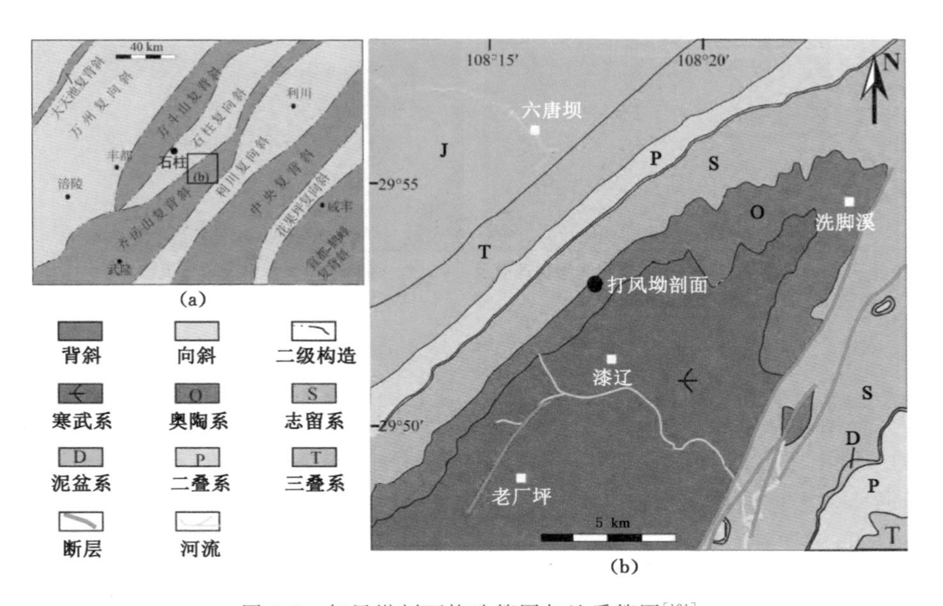

图 3-3　打风坳剖面构造简图与地质简图[121]

（a）倾斜平行灰绿色中厚泥质粉砂岩与泥岩互层

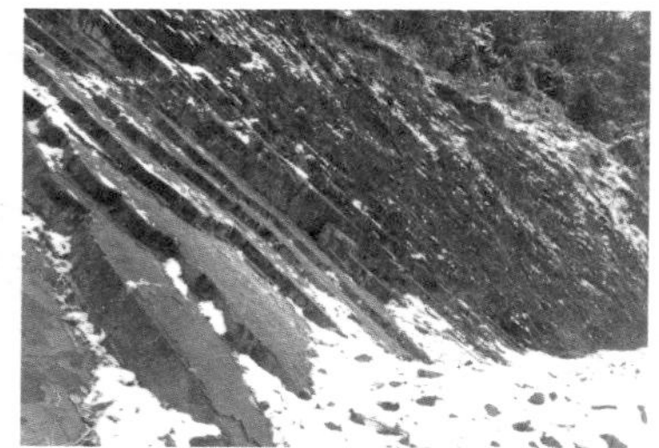

（b）黑色至深黑色薄-中厚平行层状页岩

（c）黑色至深灰色中厚页岩风化裂解图

（d）黑色至深黑色中厚平行层状页岩及其层理弱面

（e）黑色至深黑色中厚页岩光滑层理面及片状黄铁矿结核

（f）黑色中厚页岩内裂隙充填物

图 3-4　重庆石柱漆辽下志留统龙马溪组页岩露头岩性特征

根据课题研究需要，并结合页岩室内水力压裂物理模拟试验工作，分别于2012 年 3 月、12 月和 2013 年 11 月与中石化工程院人员共同赴重庆石柱县漆辽现场采集页岩露头岩心。如图 3-4、图 3-5 所示，现场露头页岩层理发育，黏结力弱，采样难度较大。为保证页岩试样的完整性，用大型机械清理表面风化层，直至内部完整中厚页岩层（要求最低垂直厚度大于 300 mm）开始采样。采样时充分利用页岩层理弱面易开裂性质，尽量保证页岩试块内部完整。加工运输途中尽量避免碰撞、浸水、干湿循环等，切割完成后迅速采用聚氯乙烯(Polyvinyl Chloride Polymer，简称PVC)膜包裹。共采集尺寸大于300 mm×300 mm×300 mm(长×宽×高)的大块岩心40余块，对采集的岩心进行现场观测与测量，保证大型水力压裂页岩试样的完整性。

图3-5 重庆石柱漆辽页岩露头取样与加工现场

3.1.2 页岩矿物组成分析

矿物组成分析是确定页岩气储层岩性的基本方法之一，对页岩气储层沉积特征研究和储层评价具有重要意义。页岩是由黏土矿物经压实、脱水、重结晶作用后形成的。其矿物组分较复杂，除高岭石、蒙脱石、伊利石、绿泥石、海绿石等黏土矿物以外，还混杂石英、长石、云母等许多碎屑矿物和铁、铝、锰的氧化物、氢氧化物，以及碳酸盐、硫酸盐、硫化物、硅质矿物及一些磷酸盐等自生矿物。其中，石英含量通常大于50%，甚至可高达75%，且多呈黏土粒级，常以纹层形式出现[123-125]。页岩矿物组成可侧面反映其地质沉积环境、沉积模式、烃源岩发育演化状况等信息。石英、长石、方解石等脆性矿物的含量不仅关系到其脆性特征评价，亦关系到压裂方案设计和压裂效果评价等；黏土矿物的含量与成分、有机碳的成熟度等关系到页岩气储层含气量的多少，对页岩微观孔隙结构发育也有重要影响；黄铁矿、菱铁矿、钙质白云石等的含量对研究页岩中矿物发育、缝隙充填等具有指导意义。

X射线衍射技术是鉴定、分析和测量固态物质物相的一种基本方法，在地质学及含油气盆地分析中已广泛应用。本次页岩矿物组分分析亦是利用X射线衍射技术对露头页岩试样进行物相半定量分析。

为保证页岩矿物分析的准确性和有效性，并确保矿物分析试样与后续页岩基本力学试验试样、压裂试样等的一致性，采集的大尺寸页岩试样和矿物分析试样样品均取自同一中厚页岩层位，且与力学性质测试页岩试样属于同一批次采样样品。X射线衍射矿物组分分析试样均采用缩分方法对野外采集的样品进行加工制备，以使测试的样品能更好地代表所在层位岩石的矿物成分。

测试仪器为中国地质大学（武汉）分析测试中心的德国产 Bruker AXS D8-Focus X射线衍射仪。X射线衍射分析样品加工方法为：取样品中新鲜部分 50～100 g，粉碎，缩分，取约 5 g 样品放入研磨钵中研磨至约 300 目（0.75 mm）；之后将研磨好的样品放入试样袋密封保存；送样数量为 4 组；试验环境条件为：温度保持 24 ℃，湿度保持 36%；测试条件为：CuK α 射线，Ni 滤波，40 kV，40 mA，LynxEye192 位阵列探测器，扫描步长 0.01°(2θ)，扫描步速 0.05 s/步；利用粉末衍射联合会国际数据中心（JCPDS-ICDD）提供的标准粉末衍射资料，确定样品的物质组成；按照中国标准（YB/T 5320—2006）的 K 值法进行定量分析。

图 3-6 列出了 3 号页岩试样粉晶 X 射线衍射测试图谱，表 3-1 列出了 7 组页岩试样的矿物组成分析结果，图 3-7 给出了表 3-1 中 10 号页岩试样的矿物组分含量图。

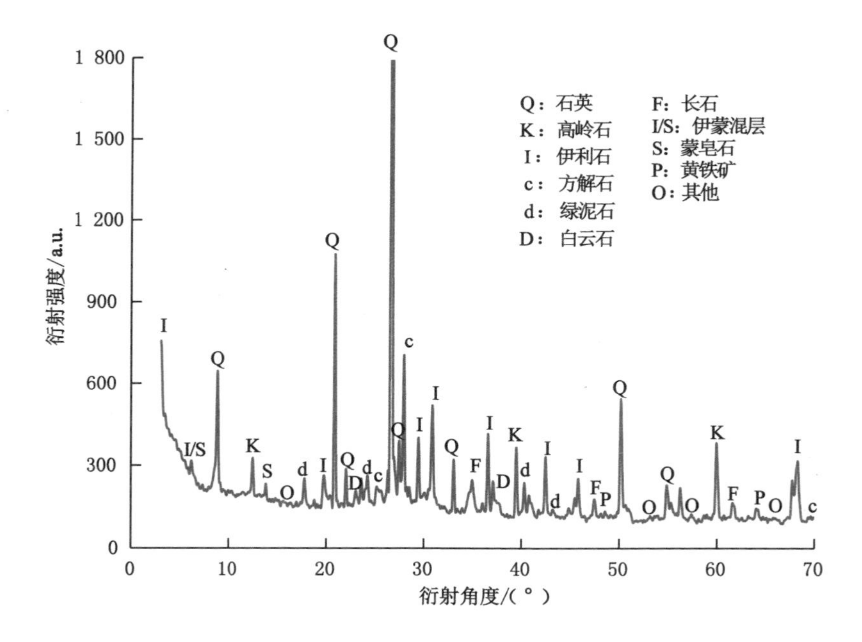

图 3-6 页岩试样粉晶 X 射线衍射图谱

表 3-1　页岩试样粉晶 X 射线衍射检测结果

编号	石英 /%	方石英 /%	钠长石 /%	方解石 /%	白云母 /%	蒙脱石 /%	伊利石 /%	黄铁矿 /%	其他 /%
2	50.40	3.30	13.50	5.11	6.62	1.30	3.55	3.75	12.47
3	55.73	2.72	15.97	4.50	5.78	1.53	3.40	2.59	7.78
6	50.23	4.75	17.60	2.60	5.71	1.66	3.60	5.80	8.05
10	53.41	3.45	14.38	4.18	5.92	1.10	3.46	4.59	9.51
13	60.50	1.08	14.52	4.91	4.82	1.53	3.86	5.30	2.48
14	59.55	2.02	13.35	4.16	4.28	1.43	3.01	4.90	7.3
15	58.70	2.81	12.64	5.59	5.85	1.42	3.15	4.23	5.61

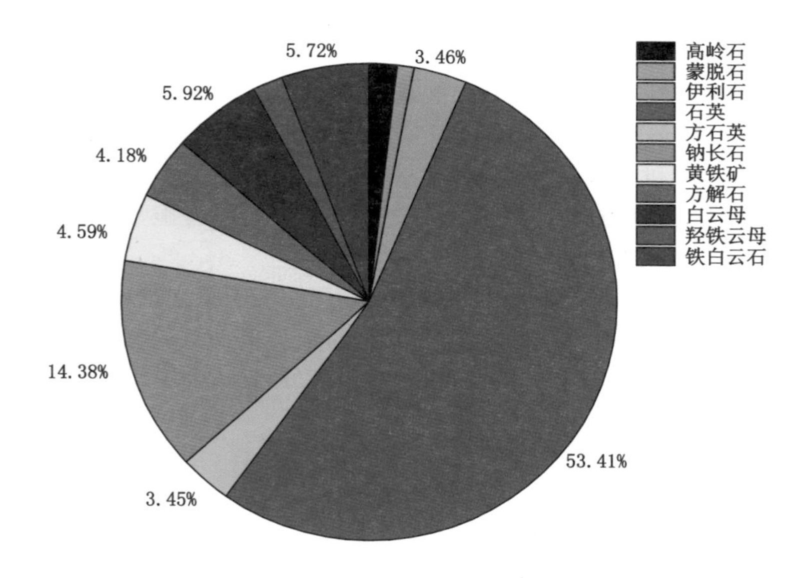

图 3-7　10 号页岩试样矿物组分含量图

由图 3-5、图 3-6 和图 3-7 及表 3-1 可知，四川盆地东缘石柱漆辽龙马溪页岩矿物成分较复杂，其中主要为以石英为主的脆性矿物；以伊利石为主、蒙脱石为辅的黏土矿物；亦含有钠长石、方解石、白云母等碎屑矿物和自生矿物，以及少量非晶物质等难以区分的矿物。以伊利石为主的黏土矿物和以石英为主的脆性矿物为龙马溪页岩的主要组成矿物。

四川盆地东缘海相下志留统龙马溪组石柱漆辽露头页岩矿物成分定量分析结果表明：7组页岩试样的石英含量在50.23%～60.50%之间，平均达55.50%；黏土矿物以伊利石与蒙脱石为主，占到黏土矿物总量的70%以上，其中伊利石平均含量为3.43%，占黏土矿物总量的一半以上；其余组分主要为钠长石、方解石、白云母和黄铁矿。伊利石主要在晚成岩作用阶段和极低变质作用阶段出现，伊利石含量占总黏土矿物含量的一半以上，高而稳定的伊利石含量表明四川盆地东南缘龙马溪组页岩成岩作用已经历晚成岩作用阶段。

石油工程上以页岩中脆性矿物的含量来评价其脆性特征。脆性矿物含量不仅是影响页岩基质孔隙和微裂缝发育程度的重要因素，还是影响含气性和储层改造方式的关键指标。脆性矿物含量越高，岩石越脆，在构造运动或水力压裂过程中越容易形成天然裂缝或诱导裂缝，进而形成复杂的裂缝网络，有利于页岩气开采[126]。石英是龙马溪页岩地层中主要的脆性矿物，研究表明：富含石英的黑色页岩比富含方解石的灰色页岩裂缝发育程度高[127]，且在水力压裂作业时更容易产生较多的诱导裂缝，进而沟通基质孔隙和天然裂缝，形成裂缝网络。Jarvie 等[128]将石英含量定义为确定页岩脆性的主要因素，而 Nelson[129]认为长石和白云石也是页岩地层中的易脆组分。因此，准确分析页岩的矿物组分对判断页岩气储层裂缝发育程度和分析页岩脆性特征具有重要意义。

由表 3-1 和图 3-7 可知，下志留统龙马溪组页岩石英含量超过 50%，包括方石英和钠长石，脆性矿物总量超过 70%，与北美典型页岩气盆地的石英含量相当[130]，且黏土矿物含量(约 6.39%)相对较低，较适合压裂改造。

3.2 页岩微观结构特征

3.2.1 页岩孔隙发育特征

岩石的孔隙结构主要是指岩石中孔隙和喉道的几何形状、大小、发育程度及其相互结合关系，反映岩石对各类流体的储运能力。随着观测仪器的发展，考察并定量描述岩石内部的孔隙与裂缝发育特征已能够实现，常用且有效的方法为毛细管法、染色树脂法、CT 扫描法和扫描电子显微镜法等。目前扫描电子显微镜分辨率已达到了纳米级别，能观测到纳米级黏土矿物颗粒排布、晶间溶蚀小孔通道等。

利用扫描电子显微镜(SEM)可以在微米尺度观察物体的形貌和表面特征[131]。SEM是基于检测和分析高能量电子束聚集在样品上所发射出的辐射,可以直观地研究储层岩石孔隙结构和矿物形态的一种方法。由于其分辨率高于常规显微镜,不仅可观察页岩的微观孔隙特征,如微裂缝、溶蚀孔隙等,还能清楚地观察页岩有机质中的裂缝。另外,在扫描电镜下还可根据各种黏土矿物的形态及分布特征定性地识别黏土矿物的组分,判别黏土矿物的成岩作用。因此,扫描电镜观测法是研究岩石微观孔隙结构特征的重要手段。

对于孔隙结构的分类,国内外学者都曾做过大量的研究,根据孔金祥等[132]、唐泽尧等[133]和赵良孝等[134]的分类方法,将孔隙结构类型分为孔隙结构、裂缝结构和洞穴结构。其分类方法适用于孔隙发育的碳酸盐岩、泥岩等储层岩石,对于页岩的微孔隙、纳米级孔隙结构并不适用[135]。Barnett和Woodford页岩储层中常发育微孔隙($d \geqslant 0.75\ \mu m$)和纳米级孔隙($d < 0.75\ \mu m$)两种尺度孔隙,可根据其成因和形态分为:埋深和成熟阶段形成的有机质孔隙、生物溶蚀等形成的粒内孔隙、矿物颗粒间的晶间孔隙和微裂隙以及混合孔隙等[136-137]。我国页岩气储层孔隙结构也有类似的特征:页岩储集层为特低孔渗储集层,发育多类型微米、纳米级孔隙,包括颗粒间微孔、黏土片间微孔、颗粒溶孔、溶蚀杂基内孔、粒内溶蚀孔及有机质孔等。对石柱漆辽露头页岩,在扫描电镜下主要识别出有机质孔、粒间孔、粒内孔、黏土矿物层间孔、溶蚀孔和微裂缝等,如图3-8所示。

研究表明[121]:石柱漆辽龙马溪页岩主要发育脆性矿物粒内或粒间孔、黏土矿物层间孔和有机孔,在一定程度上矿物组成是控制页岩储集空间发育类型的一个重要因素。该页岩微裂缝发育相对较少,平均面孔率低于10%,表明微裂缝的发育特征不仅与矿物组成有关,同时还可能受控于区域或局部构造应力、成岩作用等。石柱漆辽龙马溪页岩主要孔隙类型包括溶蚀孔、粒间孔和有机孔。其中,溶蚀孔多以孤立状存在;粒间孔孔径较大,连通性相对较好,更有利于游离态页岩气的运移。普遍发育的片麻状有机孔主要受控于有机质生烃作用,主要赋存吸附态页岩气。黏土矿物被有机质包裹,形成的具有继承性结构的特殊有机孔亦为吸附态页岩气提供了重要赋存空间。微裂缝之间的连通性较差,但是在页岩气开采压裂时与脆性矿物作用有利于形成相互连通的孔隙网络,为页岩气的渗流提供通道。

3.2.2　页岩微观结构特征

为研究页岩的微观结构特征,利用扫描电镜对垂直层理和平行层理的4

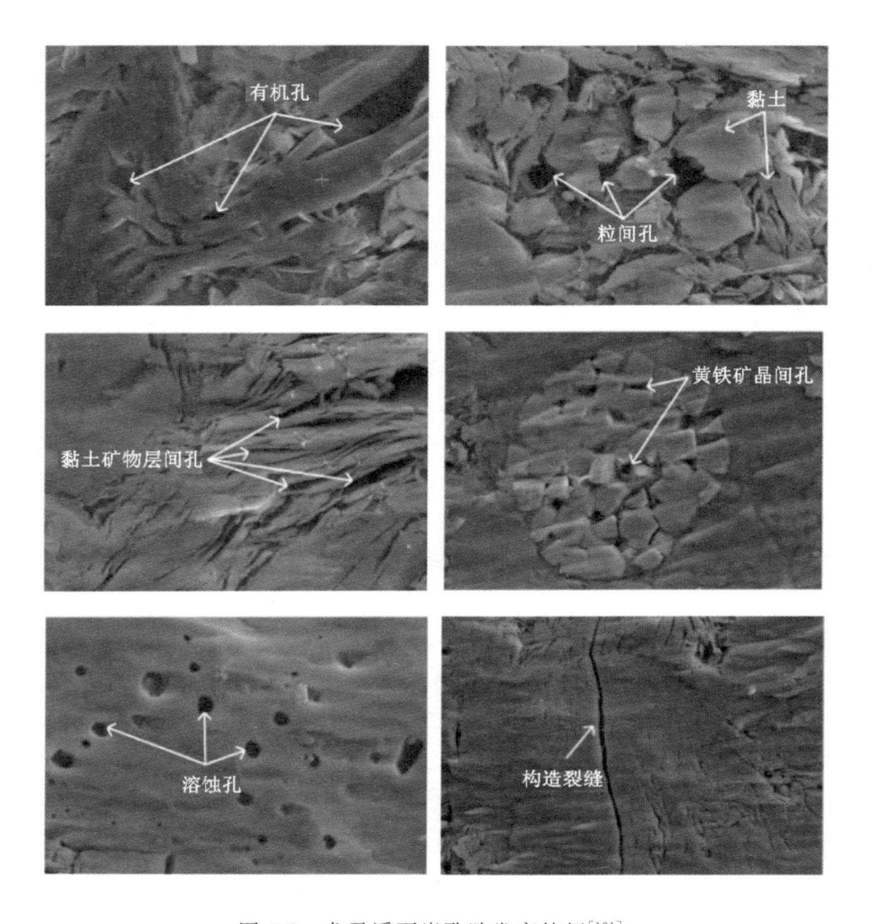

图 3-8 龙马溪页岩孔隙发育特征[121]

组页岩试样分别进行了扫描分析，其微观放大倍数分别为 100、500、1 000、2 000与 10 000。虽然页岩的亚观孔隙（纳米级孔隙）及其结构特征对页岩气的吸附储集有重要影响，但页岩的含气量评价等内容并非本书的研究重点，故此处暂未对其进行详细研究。

对采集到的页岩试样，采用中国科学院武汉岩土力学研究所的 Quanta250 扫描电子显微镜对其微观结构进行扫描分析，测试时采用高真空模式，加速电压：30 kV，束斑直径：3.0 nm。试验时选择了 4 块试样，放大倍数设置为 100、500、1 000、2 000 与 10 000，分别测试了垂直与平行层理方向矿物的粒径、空间分布及内部孔隙特征，扫描结果如图 3-9 和图 3-10 所示。

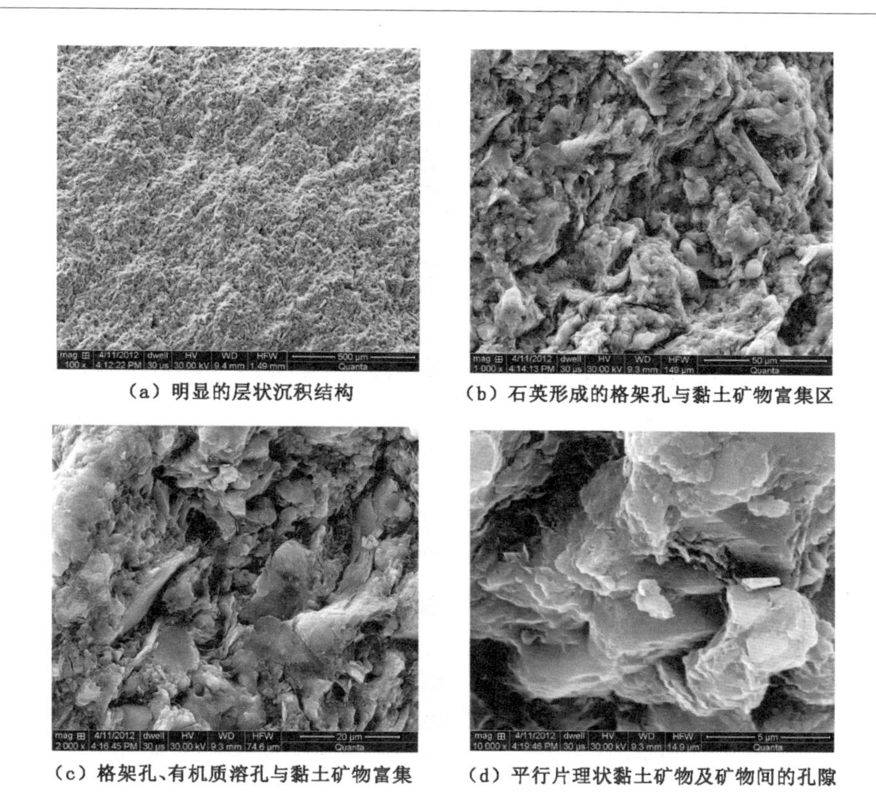
(a) 明显的层状沉积结构　(b) 石英形成的格架孔与黏土矿物富集区

(c) 格架孔、有机质溶孔与黏土矿物富集　(d) 平行片理状黏土矿物及矿物间的孔隙

图 3-9　页岩垂直层理方向 SEM 成像图

(1) 矿物颗粒粒径

根据 X 射线衍射试验测得的页岩矿物组分结果可知,组成页岩的主要矿物为:石英、长石、方解石、白云母、伊利石与黄铁矿。在扫描照片上,可以识别出石英、长石、方解石及泥质矿物,黄铁矿由于含量很低,识别不出来,矿物颗粒之间为泥质胶结。

在 500 倍与 1 000 倍的垂直层理显微照片上,部分粒径较大且完整的黏土矿物呈现为片理状,在平行层理的显微照片上,黏土矿物形态不规则,其粒径在 15～100 μm;石英在平行与垂直层理的显微照片上,均呈现为近似圆形的颗粒,其粒径一般为 20～40 μm;长石与方解石呈棱角状,形状不规则,在高倍数显微照片上,偶尔可看到结晶形态完整的颗粒,断面光滑,其粒径在 50～150 μm。

(2) 颗粒分布形态

由扫描电镜照片可以看出,黏土矿物在沉积压实的过程中定向排列,形成

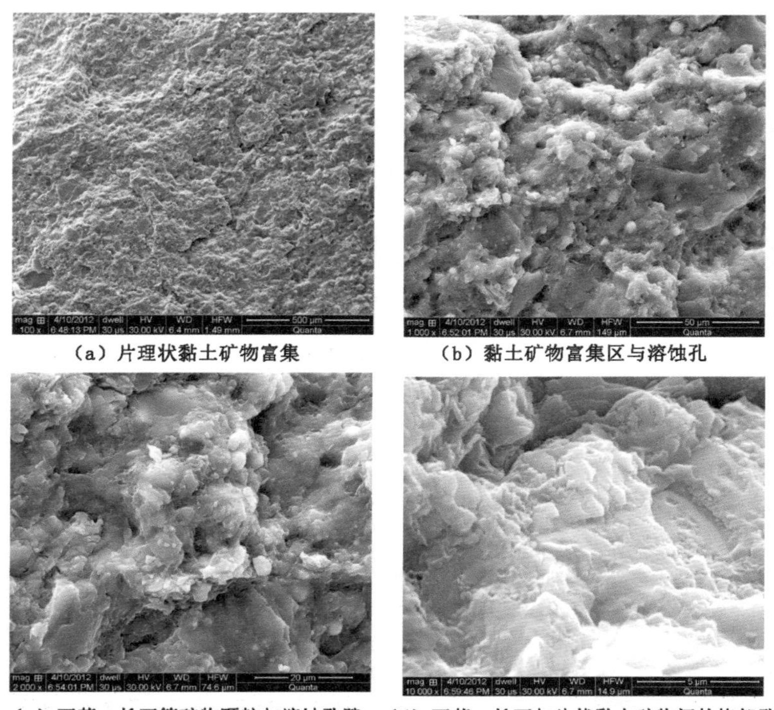

（a）片理状黏土矿物富集　（b）黏土矿物富集区与溶蚀孔

（c）石英、长石等矿物颗粒与溶蚀孔隙　（d）石英、长石与片状黏土矿物间的格架孔

图 3-10　页岩平行层理方向 SEM 成像图

明显的层理面，石英、长石与方解石等矿物形成夹层支撑。在垂直层理方向，层理面较发育，黏土矿物层可明显看出有 5～6 层，部分试样内的层理发育相对较少，但也有 3～4 层，并没有观察到层理不明显发育的试样；而层理的发育程度与取样位置也有较大关系。

由平行层理的扫描电镜照片可以看出，各种矿物颗粒间杂乱排列，相互之间充填完整，没有明显的分隔间隙，能观察到黏土矿物与长石矿物间的叠层排列形态。

总之，以伊利石为主的黏土矿物在沉积、压实过程中的择优取向使其形成一定排列次序的片状结构，进而固结成有一定方向性的层理性沉积地层，黏土矿物在页岩空间中的定向排列和分布是其表现出明显各向异性的根源。

（3）孔隙结构特征

由扫描电镜照片可以看出，页岩内部矿物颗粒较小，相互间胶结良好，没有明显的孔隙存在。在平行层理方向，矿物间相互充填，胶结良好，孔隙较少。在垂直层理方向，有两种孔隙存在：① 黏土矿物与石英、长石等之间有少量的狭长孔隙，其延伸长度与层理的发育程度有较大关系，扫描照片上其长度不超过1 mm；② 球形矿物颗粒间的微孔隙结构，此种孔隙是由于长石或方解石的结晶不完整或溶解作用而形成的，一般呈近似球形，最大孔隙直径不超过100 μm。

3.3 页岩层理和微裂缝发育特征

3.3.1 页岩层理发育特征

良好发育的层理是石柱漆辽露头页岩的一大特征，从图3-11(a)中可明显观察到该页岩薄、厚相间分布的层状沉积层理。为进一步观察层理的微观结构特征，通过视频显微镜和数码显微镜观察了层理的微观结构特征，如图3-11(b)和

(a) 层理宏观特征

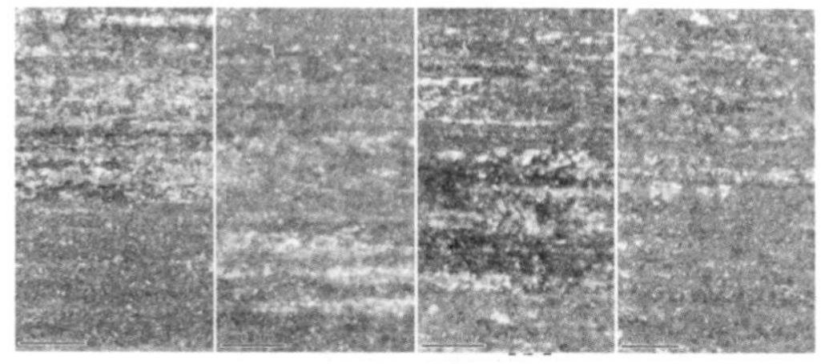

(b) 层理微观特征[138]

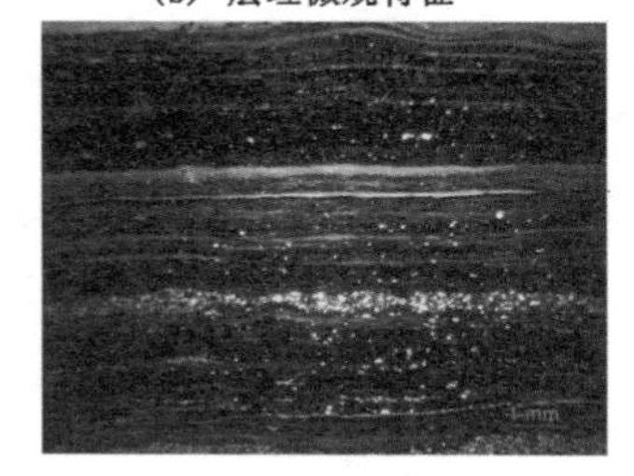

(c) 数码显微镜观察到的层理放大图[53]

图3-11 宏观和微观角度下页岩层理发育特征图

图 3-11(c)所示。由图 3-11(b)可以看出,该页岩为含细泥沙的粉砂质页岩,图中的亮色带状主要为石英和长石,黑色带状则主要为有机物中的黏土矿物。由图 3-11(c)可以看出,该页岩的层状沉积结构非常明显,层理厚度约 1.0 mm,且层理的分布并不均匀,表现出了较强的非均质性。

3.3.2 页岩裂缝发育特征

页岩地层裂缝主要包括微观裂缝和宏观裂缝两大类。微观裂缝包含矿物或有机质内部裂缝以及矿物或有机质颗粒边缘缝等,宽度 5～200 nm。微观裂缝在石柱漆辽页岩中发现较少,平均面孔率低于 10%,呈狭缝状,普遍具有良好的延伸性,缝宽数百纳米,缝长数微米至数十微米。图 3-12 所示为在脆性矿物基质中发育的构造裂缝和沿解理方向发育的解理缝。

图 3-12 龙马溪页岩裂缝发育状况(一)[121]

宏观裂缝除普遍发育的层理缝(图 3-13)外还包括构造缝,构造缝不如层理缝多,且多为方解石、黄铁矿充填,宽度 0.1～6 mm。四川盆地及周缘不同区域龙马溪页岩以层理缝、层间缝为主,高角度缝(裂缝贯穿层理,且与层理夹角大于 60°)不发育(图 3-14),裂缝发育产状特征存在一定差异。

图 3-13 龙马溪页岩裂缝发育状况(二)

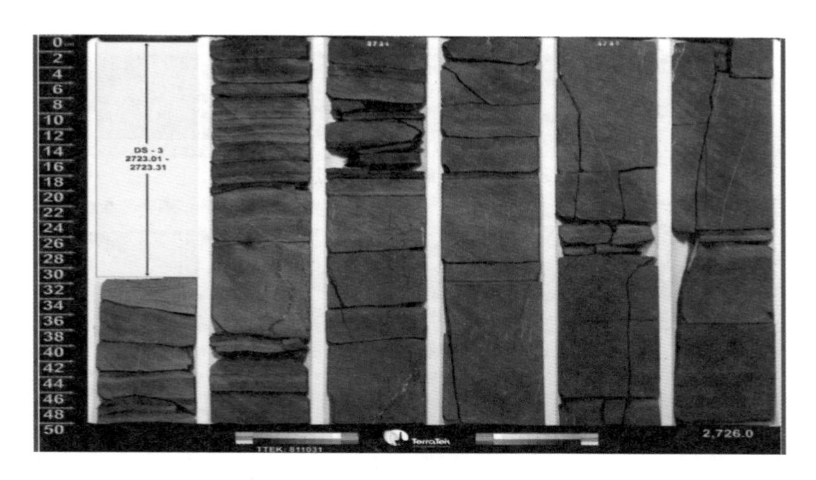

图 3-14　龙马溪页岩高角度裂缝发育状况[139]

图 3-15 所示为涪陵焦石坝区块某井页岩层段各小层的裂缝发育情况，从中可以看出该井第①～⑤小层的天然裂缝发育具有明显的差异性和多样性：

①小层（2 356.02～2 362.00 m）：层理缝极发育，胶结强度较弱，未充填，缝宽在 0.05～0.5 mm 之间，以 0.1 mm 和 0.3 mm 为主，缝间距 2 mm，缝密度 500 条/m，如图 3-15(a)所示。

②小层（2 355.40～2 356.02 m）：层理缝较发育，胶结强度较弱，未充填，缝宽在 0.05～0.5 mm 之间，以 0.1 mm 和 0.3 mm 为主，缝间距 2 mm，缝密度 500 条/m，如图 3-15(b)所示。

③小层（2 351.86～2 353.16 m）：层理缝发育，胶结强度中等，未充填，缝宽在 0.05～0.5 mm 之间，以 0.1 mm 和 0.3 mm 为主，缝间距 5 mm，缝密度 200 条/m，如图 3-15(c)所示。

④小层（2 332.56～2 334.33 m）：层理缝发育，胶结强度中等，未充填，缝宽 0.05～0.2 mm，以 0.05 mm 和 0.2 mm 为主，缝密度 125 条/m，如图 3-15(d)所示。

⑤小层（2 321.70～2 331.80 m）：层理缝弱发育，高角度裂缝发育，胶结强度强，层理缝密度 20 条/m，发育一条高角度裂缝，产状 80°，裂缝平直，缝宽 0.1～0.2 mm，被方解石弱充填或半充填，岩心沿裂缝破裂，裂缝上端止于上部水平裂缝，下端切穿岩心，呈雁列状排列，如图 3-15(e)所示。高角度裂缝的存在使得水力裂缝更易以一种不规则的方式扩展，使裂缝之间产生滑移、剪切和交错，有利于裂缝网络的形成。

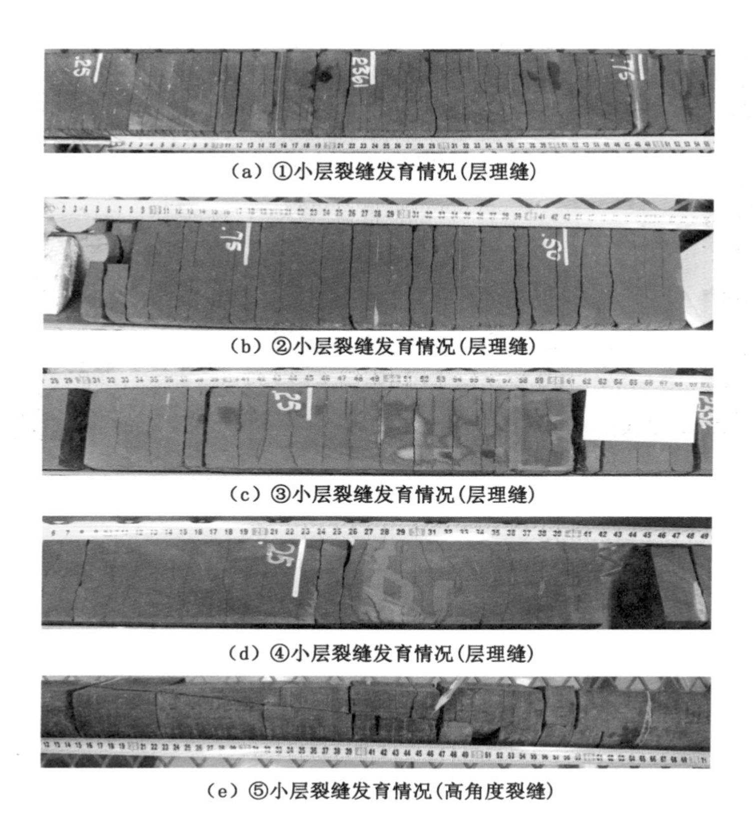

图 3-15　不同小层天然裂缝发育特征对比[139]

总体上,涪陵焦石坝地区龙马溪页岩以层理缝为主,充填缝、高角度裂缝等构造裂缝存在但发育程度不均。层理缝发育,具有层多且薄的特点,具体表现为:第①、③小层层理缝极发育,第②、④、⑤小层层理缝较发育,⑤小层高角度缝、充填缝发育,这些裂缝的存在使复杂裂缝网络的形成具备了条件。

3.3.3 页岩裂缝发育特征的 CT 扫描

工业 CT 成像是利用射线从多个方向透射工件某断面,通过探测器探测由工件衰减后的射线信息,由计算机对采集的数据进行图像重建,以二维图像形式展现所检测断层的密度分布。采用重庆大学 ICT 检测中心的 CD-600BXA 工业 CT 机进行水力压裂前后压裂试样断面的扫描。重庆大学 ICT 研究中心的 CD-600BXA 工业 CT 扫描机如图 3-16 所示,其主要功能及技术参数为：

检测工件最大尺寸：ϕ1 200 mm×1 200 mm；

射线能量：2～15 MeV；

穿透等效钢厚度：160～320 mm；

空间分辨率：1.5～2.5 lp/mm；

几何测量精度：0.02～0.05 mm；

CT 图像矩阵：512×512～4 096×4 096；

CT 扫描时间：0.5～12 min。

图 3-16　CD-600BXA 工业 CT 扫描机

CT 扫描的页岩试样尺寸为 300 mm×300 mm×300 mm(长×宽×高)，在垂直层理的一表面中心钻取直径 25 mm、深 160 mm 的小孔以模拟井眼。页岩裂缝发育特征的 CT 扫描为高能加速 X 射线源，射线能量为 4 MeV，CT 成像矩阵为 1 024×1 024，共扫描 10 个断面，断面间距均为 30 mm，且扫描断面与层理垂直。图 3-17 仅给出了 5 个断面裂缝发育特征的 CT 扫描二维图像。

由图 3-17 可以看出：页岩内部垂直层理方向均质性较好，无明显裂隙、孔隙发育；部分近似平行层理方向有非连续的黄铁矿结核带，因其密度较大，在 CT 图像中呈深色(图 3-17 中已用红色椭圆标示)；CT 扫描图像的右上角部分均观测到不同程度的近似平行层理的微裂缝发育，这可能主要由压裂试样在加工、运输过程中不可避免的扰动和风化所致，但总体上并不影响大尺寸页岩试样的完整性。由于钻取井眼时钻头对井底部分岩石的局部扰动，井眼底

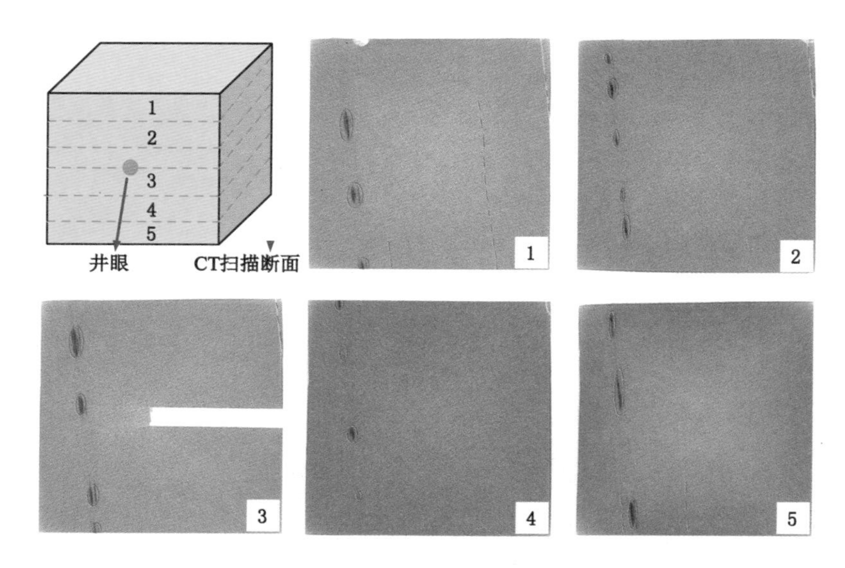

图 3-17　大尺寸页岩试样断面二维 CT 扫描图像

面凹凸不平，且与井眼连接部分的岩石呈现出浅灰色（如图 3-17 中 3 号图像所示）。而井眼壁面较平滑，且井眼周围的 CT 图像没有颜色深度的变化，这表明在井眼钻取过程中没有引起周围岩石的损伤破裂，完整性较好。总体上，页岩试样均质性较好，仅能观察到部分近似平行层理的高密度黄铁矿结核带，没有明显的微裂隙发育。

3.4　本章小结

本章在对重庆彭水页岩气区块储层自然延伸的石柱漆辽下志留统龙马溪组页岩露头储层特征分析的基础上，通过 X 射线衍射、大型工业 CT 无损扫描和 SEM 电子显微镜扫描，研究了龙马溪组露头页岩矿物组分、微观结构及孔隙发育特征，并分析了层理和天然裂缝的发育状况。得出的主要结论有：

（1）研究区石柱漆辽露头页岩处于鄂西渝东地区，下志留统龙马溪组海相页岩发育良好，主要为黑色至深黑色碳质页岩，薄层与中厚层平行交互，地层倾角为 55°～65°；地层层理发育，层理间黏结力较小且极易风化开裂；层理面浪呈波痕发育，层面上可见丰富的笔石、放射虫等化石；星散状黄铁矿、黄铁矿结核及石英、方解石充填裂隙矿脉。

（2）通过 X 射线衍射分析页岩的矿物组成可知：漆辽露头页岩的主要组

成矿物为以伊利石为主的黏土矿物和以石英为主的脆性矿物，其中石英含量在50.23%～60.50%之间；黏土矿物以伊利石与蒙脱石为主，占到黏土矿物总量的70%以上，其中伊利石平均含量为3.43%，占黏土矿物总量的一半以上；其余组分主要为钠长石、方解石、白云母和黄铁矿。下志留统龙马溪组页岩石英含量超过50%，包括方石英和钠长石，脆性矿物总量超过70%，与北美典型页岩气盆地的石英含量相当，且黏土矿物含量(约6.39%)相对较少，较适合压裂等储层改造。

(3) 通过大型工业CT无损扫描技术和SEM电子显微镜扫描技术研究了露头页岩裂隙、微裂缝发育状况和孔隙结构特征，结果表明：大尺寸页岩试样均质性较好，无明显裂隙、微裂缝发育，仅能观察到部分近似平行层理的高密度黄铁矿结核带，完整性良好。页岩内部黏土矿物在沉积压实作用下的定向排列形成明显的层理结构，石英、长石与方解石等矿物形成夹层支撑。页岩内部矿物颗粒较小，且相互间胶结良好，没有明显的大孔隙存在，总孔隙度小于2%。以伊利石为主的黏土矿物在沉积、压实过程中的择优取向使不同的矿物颗粒在页岩沉积过程中的排列和分布具有一定的方向性，这是页岩表现出明显各向异性的根源。

(4) 龙马溪页岩层理发育，天然裂缝以层理缝为主，填充缝、高角度裂缝等构造裂缝存在但发育程度不均。层理缝发育，具有层多且薄的特点，但其产状存在一定差异，主要表现为裂缝的缝宽和密度不同，层理面胶结程度略有差异。主产气层层理缝极发育，高角度缝、充填缝在局部发育，这些天然裂缝的存在使复杂裂缝网络的形成具备了条件。

第4章 压缩荷载下页岩断裂行为的各向异性特征

黏土矿物在沉积、压实过程中的择优取向，导致页岩形成了矿物颗粒分布和排列次序的片状、页状或层理状结构，这是页岩气储层物理力学性质表现出明显各向异性的根源。而在稍大一点的尺度上，片理、页理或层理的存在表明着地层的明确界限，进一步增强了页岩力学响应的方向效应。而从宏观岩体尺度上来看，页岩的各向异性可能与存在的地质不连续面，如天然裂缝、节理、断层或地质构造等有关。研究页岩物理、力学性质和断裂行为的各向异性，对进一步分析页岩气储层水平井井壁稳定性控制及水力裂缝的起裂、扩展规律和网状裂缝的形成机理具有重要的意义。

针对页岩气储层物理、力学性质和断裂行为各向异性特征，本书首先通过不同层理方位页岩试样的纵波波速测试试验、单轴及三轴压缩试验、巴西劈裂试验、三点弯曲试验和直接剪切试验，系统研究了页岩纵波波速、抗压强度、抗拉强度、断裂韧性、剪切强度、弹性模量和泊松比等力学参数的各向异性特征，进而详细分析了其裂缝扩展路径、破裂模式和断裂机制的各向异性，揭示了不同加载条件下页岩断裂行为和断裂机制的各向异性特征，为进一步分析层理在页岩复杂断裂行为和复杂裂缝形态形成过程中的重要作用，以及为深入分析页岩水力压裂复杂网状裂缝的形成机理及调控方法等提供的一定的基础理论与参考。

本章主要通过不同层理方位页岩试样的纵波波速试验、单轴及三轴压缩试验，系统分析了压缩荷载下页岩纵波波速、弹性模量、泊松比、压缩强度等力学参数的各向异性特征，进而基于裂纹起裂应力、裂纹损伤应力、裂纹起裂能、各向异性度等指标，通过裂缝扩展路径、破裂形态、破裂机制等系统探讨了页岩压缩荷载下断裂行为的各向异性，为进一步分析页岩张拉、剪切和水力压裂条件下的裂缝起裂与扩展行为的各向异性等提供理论基础。

4.1 不同层理方位页岩试样的加工制备

考虑到鄂西渝东地区海相下志留统龙马溪组页岩的层理比较发育，遵从《工程岩体试验方法标准》(GB/T 50266—2013)和《水电水利工程岩石试验规程》(DL/T 5368—2007)的要求，制订了不同层理方位页岩标准试样的制备方案。由于页岩气储层井下岩心在钻取过程中极易沿层理等弱面处风化开裂，获取极为困难，因此，本书试验所用岩心大都是采自重庆涪陵焦石坝页岩气示范区块储层自然延伸的石柱县六塘乡漆辽村打风坳隧道附近的露头页岩。在取心过程中，首先清除露头页岩表面风化较严重的层位，选取底部扰动相对较小、保存相对较完整的页岩，从而尽可能保证加工试样的完整性。此外，为避免页岩试样的物理力学性质因测试试样的矿物成分、地质环境等的不同而产生较大差异，特选取同一层位的页岩，且尽可能避免钻取黄铁矿结核带及石英、长石矿脉，从而保证加工试样的均质性。采集同一层位页岩岩块的原始尺寸均远大于300 mm×300 mm×300 mm(长×宽×高)，以便进行后续的基本力学试验和大型水力压裂物理模拟试验。为避免在加工和运输过程中发生碰撞、风化和干湿循环等导致试样风化开裂，所获得的大块试样立即用聚氯乙烯薄膜等做密封处理。

为研究层理面影响下页岩物理力学性质、强度特征、破裂模式和断裂行为等的各向异性特征，在取心时钻取方向与层理面的夹角依次为0°、30°、60°和90°，具体钻取方案示意图如图4-1所示。加工不同层理方位的页岩岩心时，首先用切割机将大块页岩块切割成便于钻取不同层理方位的小岩块，然后再将小岩块放置到钻机上，并调整好层理与钻杆的夹角，如图4-2所示，最后钻取直径50 mm、长度100 mm的标准圆柱形页岩试样，并切割、打磨后使其误差为±0.5 mm，端面平行度为±0.02 mm。加工好的典型的页岩标准试样如图4-3所示。加工好的页岩标准试样立即用聚氯乙烯薄膜等做密封处理，防止在试验前的运输过程中因发生碰撞、风化和干湿循环等而导致试样开裂。加工的用于纵波波速测试、单轴及三轴压缩试验的4组标准页岩试样的基本参数见表4-1～表4-4。

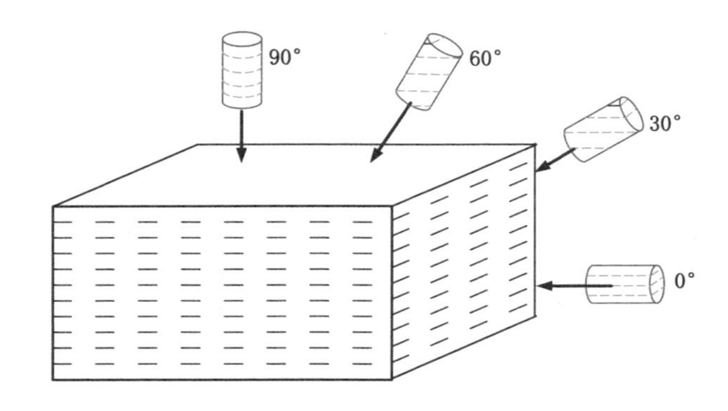

图 4-1　页岩定向取心方案示意图(图中虚线表示层理)

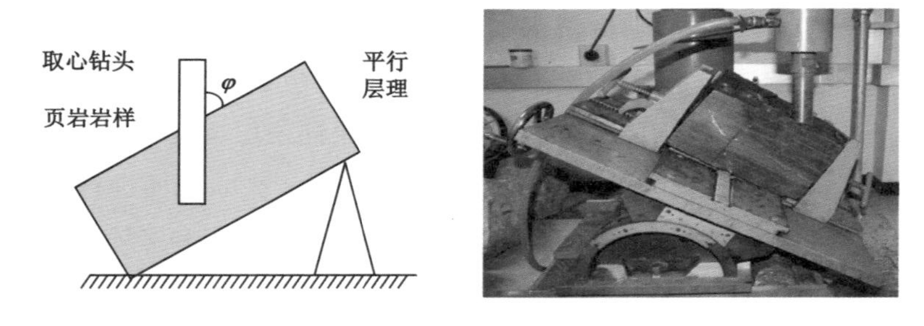

图 4-2　不同层理方位页岩定向取心示意图

图 4-3　加工好的典型的页岩试样照片

表 4-1　层理角度 0°页岩的基本参数表

试样编号	质量/g	直径/mm	长度/mm	密度/(g/cm³)	v_p/(m/s)	加载速率/(mm/s)	围压/MPa
Y0-1	486.5	49.14	99.56	2.577	3 704	0.003	0
Y0-2	486.5	49.14	99.62	2.575	3 731	0.003	0
Y0-3	487	49.26	99.54	2.567	3 731	0.003	0
Y0-4	488	49.22	99.58	2.576	3 597	0.003	10
Y0-5	486	49.08	99.42	2.584	3 650	0.003	10
Y0-6	488	49.1	99.6	2.588	3 731	0.003	10
Y0-7	489	49.08	99.36	2.601	3 676	0.003	20
Y0-8	489	49.2	99.18	2.593	3 759	0.003	20
Y0-9	489	49.2	99.16	2.594	3 731	0.003	20
Y0-10	487.5	49.08	99.44	2.591	3 704	0.003	30
Y0-11	489.5	49.1	99.18	2.607	3 704	0.003	30
Y0-12	490.5	49.18	99.3	2.600	3 759	0.003	30
Y0-13	489.5	49.2	99.88	2.578	3 759	0.003	—
Y0-14	489	49.54	99.38	2.553	3 731	0.003	—
Y0-15	490	49.02	99.58	2.607	3 759	0.003	—

表 4-2　层理角度 30°页岩的基本参数表

试样编号	质量/g	直径/mm	长度/mm	密度/(g/cm³)	v_p/(m/s)	加载速率/(mm/s)	围压/MPa
Y3-1	491	49.28	99.6	2.585	3 448	0.003	0
Y3-2	481.5	49.36	99.72	2.523	3 333	0.003	0
Y3-3	490	49.3	99.62	2.577	3 704	0.003	0
Y3-4	482.5	49.2	99.6	2.548	3 571	0.003	10
Y3-5	490.5	49.4	99.74	2.566	3 846	0.003	10
Y3-6	480.5	49.2	99.64	2.537	3 333	0.003	10
Y3-7	488.5	49.78	99.76	2.516	3 704	0.003	20
Y3-8	490.5	49.98	99.74	2.507	3 704	0.003	20
Y3-9	489	49.8	99.88	2.514	3 846	0.003	20
Y3-10	481	49.22	99.66	2.537	3 448	0.003	30
Y3-11	485.5	49.42	99.9	2.534	3 571	0.003	30
Y3-12	490	49.96	99.62	2.509	3 333	0.003	30
Y3-13	483.5	49.18	99.8	2.550	3 125	0.003	—
Y3-14	484	49.3	99.7	2.543	3 571	0.003	—
Y3-15	483.5	49.32	99.74	2.537	2 914	0.003	—

表 4-3　层理角度 60°页岩的基本参数表

试样编号	质量 /g	直径 /mm	长度 /mm	密度 /(g/cm³)	v_p /(m/s)	加载速率 /(mm/s)	围压 /MPa
Y6-1	491	49.6	99.72	2.548	2 941	0.003	0
Y6-2	490.5	49.38	99.88	2.564	3 226	0.003	0
Y6-3	490	49.28	100.08	2.567	3 333	0.003	0
Y6-4	491.5	49.18	99.64	2.597	3 571	0.003	10
Y6-5	491	49.36	99.84	2.570	3 448	0.003	10
Y6-6	491.5	49.3	99.78	2.580	3 333	0.003	10
Y6-7	491.5	49.32	99.7	2.580	3 226	0.003	20
Y6-8	491	49.58	100	2.543	3 448	0.003	20
Y6-9	491	49.68	99.6	2.543	3 333	0.003	20
Y6-10	491	49.42	99.82	2.564	3 125	0.003	30
Y6-11	491	49.54	99.58	2.558	3 571	0.003	30
Y6-12	490.5	49.6	99.64	2.548	2 857	0.003	30
Y6-13	491	49.38	99.74	2.571	3 125	0.003	—
Y6-14	491.5	49.2	99.68	2.594	3 030	0.003	—
Y6-15	491.5	49.6	99.72	2.551	3 226	0.003	—

表 4-4　层理角度 90°页岩的基本参数表

试样编号	质量 /g	直径 /mm	长度 /mm	密度 /(g/cm³)	v_p /(m/s)	加载速率 /(mm/s)	围压 /MPa
Y9-1	488	49.14	100.2	2.568	3 226	0.003	0
Y9-2	490	49.22	99.9	2.578	2 994	0.003	0
Y9-3	489	49.22	99.42	2.585	3 268	0.003	0
Y9-4	490	49.4	99.58	2.567	2 976	0.003	10
Y9-5	488.5	49.24	99.44	2.580	3 274	0.003	10
Y9-6	490	49.24	99.34	2.590	3 030	0.003	10
Y9-7	489	49.2	99.62	2.582	2 959	0.003	20
Y9-8	488.5	49.62	99.34	2.543	3 086	0.003	20
Y9-9	490	49.3	99.38	2.583	3 185	0.003	20
Y9-10	488.5	49.18	99.54	2.583	3 125	0.003	30
Y9-11	493	49.56	100.04	2.555	3 331	0.003	30
Y9-12	488.5	49.18	99.48	2.585	3 185	0.003	30
Y9-13	490	49.3	99.82	2.572	3 247	0.003	—
Y9-14	489	49.4	99.7	2.559	3 125	0.003	—
Y9-15	490	49.26	99.58	2.582	2 959	0.003	—

4.2　页岩纵波波速的各向异性特征

弹性波波速和衰减情况是岩石本身各种物理性质的综合反映。影响岩石声波传播速度的因素主要有岩石的密度、孔隙率、微宏观结构、含水率、温度条件、受力条件、节理裂隙以及试样尺寸等。由于层理的存在，页岩具有明显的各向异性特征，而当弹性波在页岩中传播时，波速必然与传播方向有关，即存在波速各向异性特征。对不同层理角度页岩进行室内声波测试试验，不仅能分析页岩纵波波速的各向异性特征，还能了解页岩的裂隙、微裂缝发育情况和完整性，从而对进一步进行的相关力学试验具有重要的指导作用。

页岩声波测试采用中国科学院武汉岩土力学研究所智能仪器研究室研制的 RSM-SY5 型非金属超声波检测仪，其声波换能器主频为 650 kHz，纵波 P-300 型换能器由江汉油田测井研究所研制，发射频率为 300 kHz；横波 82-01A 型换能器由中国科学院武汉岩土力学研究所研制，发射频率为 400 kHz。试验时采用直接法（直达波法）测试纵波波速，纵波换能器布置在试样轴向两端面的中心，并在接触面用凡士林耦合，采样频率为 0.2 μs。测试的不同层理角度页岩的纵波波速变化规律如图 4-4 所示。

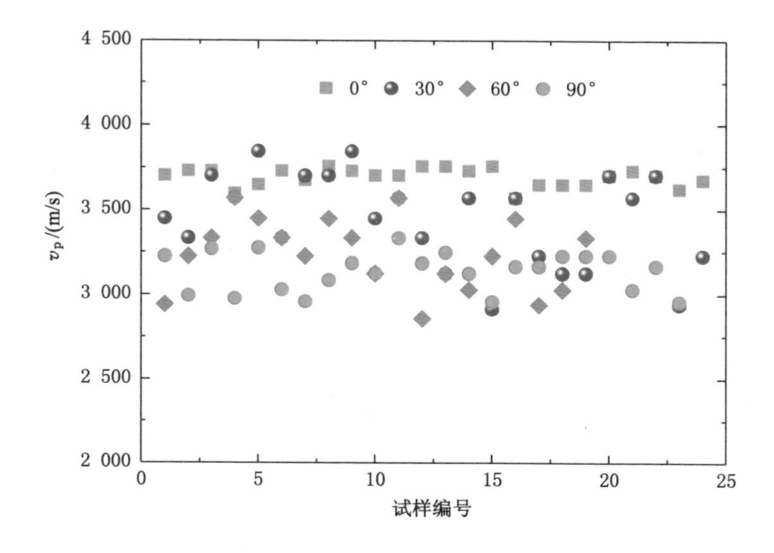

图 4-4　页岩纵波波速变化图

由图 4-4 可以看出，页岩的纵波速度随层理角度的变化呈现出显著的各向异性特征。平行层理方向，页岩纵波波速的离散性最小，且其平均值最大，为 3 695 m/s；层理角度为 30°时，页岩纵波波速的离散性最大，其平均值次之，为 3 443 m/s；层理角度为 60°时，页岩纵波波速也表现出了较大的离散性，其平均值为 3 239 m/s。垂直层理方向，页岩纵波波速的离散性相对较小，其平均值也最小，为 3 136 m/s。整体上，随层理倾角的逐渐增加，纵波波速呈明显下降趋势，但其降低幅度较小，在 500～700 m/s 之间。这可能是因为层理结构面的存在降低了页岩的完整性，从而引起波在穿过层理面时的能量耗散和能量弥散现象，且层理面相对较软弱，其波速亦较慢[140]。故随着层理倾角的增加，纵波在单位距离内穿过的层理数逐渐增多，消耗的时间和能量逐渐增大，而导致波速逐渐降低。

为进一步探讨页岩纵波波速 v_p 与页岩层理角度 φ 的变化关系，将不同层理角度页岩的纵波波速的平均值与层理角度进行曲线拟合。拟合后发现，页岩纵波波速 v_p 与层理角度 φ 近似呈线性关系，如图 4-5 所示，由曲线拟合得到的页岩纵波波速与层理角度的关系为 $v_p = 3\ 660.7 - 6.272\varphi$，$R^2 = 0.969$。

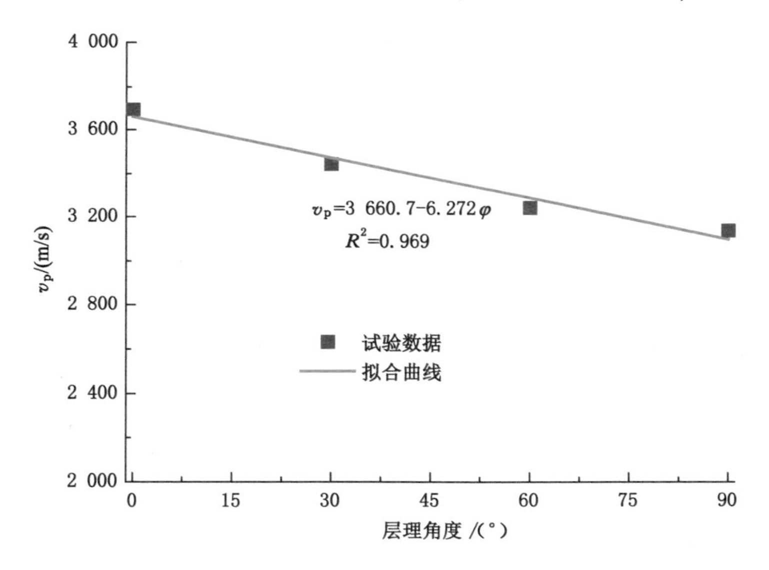

图 4-5　页岩纵波波速与层理角度关系图

弹性波在岩石中的传播速度与岩体的种类、弹性参数、结构面、物理力学性质、应力状态、风化程度和含水量等有关。而结构面的存在使得声波速度降低，并在声波传播时呈现出各向异性，在垂直于结构面方向波速低，平行于结构面方向波速高。表现出明显各向异性的页岩，其纵波波速的大小与矿物组分、产状、弱面的存在与否及倾角、加卸载历史等有关。页岩纵波波速呈现各向异性的原因主要有两个：成岩过程中页岩沉积压实作用的方向性；层理对波速传播影响的各向异性。而层理角度为 30°和 60°的页岩试样由于在加工的过程中完整性受层理的影响较大，而引起其纵波波速的离散性也相对较大。页岩纵波波速的各向异性特征可为非均质页岩气藏储层钻井过程中预测地层岩石剖面强度、分析水平井失稳机理等提供重要依据。

4.3　单轴压缩下页岩断裂行为的各向异性特征

岩石类材料的全过程应力-应变曲线是研究其强度和变形特性、确定材料参数及研究本构关系的基础，是岩石力学中最基础性的研究内容之一，同时也在岩体工程勘查、设计、稳定性评价等方面占据重要地位，更是分析岩石类材料力学性质、断裂行为等各向异性特征最简单直接的方法。岩石的各向异性导致描述其材料性质的弹性参数明显增加，其相应的室内力学试验也更加烦琐、复杂。

采用美国产的 MTS 815.04 岩石力学综合测试系统（图 4-6）对呈现出各向异性特征的龙马溪页岩进行了单轴压缩和三轴压缩试验。该试验系统配有轴压、围压和孔隙压力三套独立的闭环控制系统，具有 16 通道数据采集、伺服反馈信号，全程计算机控制，可实现自动数据的高低速采集和处理，测试精度高，性能稳定。该试验系统轴向最大加载荷载为 4 600 kN，围压最大 140 MPa，孔隙水压力最大 140 MPa，轴向位移 50 mm，轴向和环向变形引伸计量程分别为－4.0～4.0 mm、－2.5～12.5 mm，可实时记录荷载、应力、位移和应变值，并同步绘制荷载-位移、应力-应变曲线。试验时，可采用力和位移两种基本控制模式，包括轴向力、轴向位移、环向力和环向位移等基本方式。本次试验时，采用轴向位移控制模式，加载速率均为 0.18 mm/min，加载过程中实时采集试样的轴向力、轴向位移和环向位移等。

单轴压缩时，根据层理与轴向加载方向（亦为试样钻取方向）的不同依次将试样分为 0°、30°、60°和 90°四组，选取不含宏观结构面（肉眼可见或浸水后可见）的相对较完整的页岩试样；测试四组页岩试样常温常压下的纵波波速，剔除波速异常的试样。为减小试验测试结果的离散性，每组试验至少需成功三块，并取试验结果的平均值。

图 4-6　MTS 815.04 岩石力学综合测试系统

4.3.1　单轴压缩下页岩应力-应变曲线特征

单轴压缩下，不同层理方位页岩典型的应力-应变曲线如图 4-7 所示。

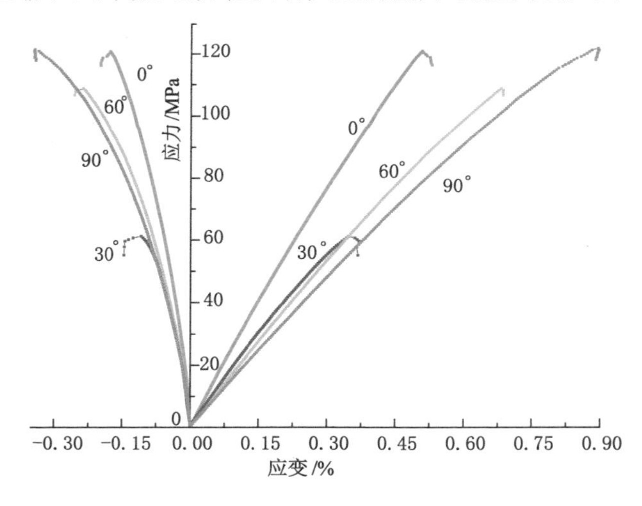

图 4-7　单轴压缩下不同层理方位页岩的应力-应变曲线

由图 4-7 可以看出，单轴压缩下页岩应力-应变曲线有如下特征。

(1) 不同层理方位页岩的应力-应变曲线表现出明显的各向异性特征，且其四个阶段均表现出典型的硬脆性特征。

压密阶段：不同层理方位页岩的初始压密阶段均不明显，这表明页岩较致密坚硬，其内部的孔隙、裂隙、微裂缝等不太发育，裂隙、微裂隙等在外力作用下的闭合效应不明显，这与页岩极低的孔隙度和超低的渗透率相一致。

线弹性阶段：由于页岩的压密阶段不明显，加载后其应力-应变曲线迅速进入线弹性阶段，且该阶段均较一般岩石长。此外，线弹性阶段与呈现非线弹性的稳定破裂阶段的界限并不明显，这进一步表明该页岩具有较明显的硬脆性特征。

不稳定破裂阶段：当荷载增加到某一数值时，应力-应变曲线的斜率略有减小，进入渐进性破裂的不稳定破裂阶段，但页岩弹塑性转化的屈服应力点较难以辨别，且该阶段较短，几乎不存在，这表明页岩微裂纹的扩展、贯通直至失稳破裂是在较短时间内完成的，其脆性较强，韧性非常不明显。

峰后阶段：当应力达到峰值强度后，裂隙迅速发展并贯通后形成宏观破裂面；应力-应变曲线迅速跌落，试样在极短时间内完全失去承载能力，无残余强度，并伴随有强烈的脆性破坏声响，发生明显的动力失稳现象。

(2) 不同层理方位页岩的应力-应变曲线表现出不同的特征。90°试样的弹性阶段最长，60°和 0°次之，30°试样的弹性阶段最短；随层理角度的增加，页岩应力-应变曲线的斜率逐渐减小，即弹性模量逐渐减小，0°试样弹性模量最大，90°试样的弹性模量最小，且 0°试样的弹性模量明显较 90°的大，而 30°、60°和 90°试样的弹性模量差别则相对较小。

4.3.2　单轴压缩下页岩力学参数的各向异性特征

为进一步研究单轴压缩下页岩力学参数的各向异性特征，对不同层理方位页岩的单轴抗压强度、弹性模量、泊松比等力学参数进行了分析，并定义了抗压强度和弹性模量的各向异性度，以便更深入地分析页岩的各向异性特征。

表 4-5 给出了不同层理方位页岩单轴压缩下抗压强度、弹性模量和泊松比的试验结果。其抗压强度如图 4-8 所示。

表 4-5　不同层理方位页岩单轴压缩下的试验结果

层理角度/(°)	试样编号	直径 /mm	长度 /mm	抗压强度 /MPa	弹性模量 /GPa	泊松比
0	Y0-1	49.14	99.56	124.26	24.628	0.323
	Y0-2	49.14	99.62	117.93	25.064	0.320
	Y0-3	49.26	99.54	112.01	25.037	0.329
	平均值	—	—	118.067	24.910	0.324

表 4-5(续)

层理角度/(°)	试样编号	直径/mm	长度/mm	抗压强度/MPa	弹性模量/GPa	泊松比
30	Y3-2	49.36	99.72	54.36	21.536	0.245
	Y3-8	49.98	99.74	61.19	19.087	0.256
	Y3-9	49.80	99.88	47.22	21.163	0.233
	平均值	—	—	54.257	20.595	0.245
60	Y6-2	49.38	99.88	96.81	16.731	0.304
	Y6-3	49.28	100.08	108.76	16.941	0.294
	Y6-5	49.36	99.84	112.19	16.365	0.311
	平均值	—	—	105.92	16.679	0.303
90	Y9-1	49.14	100.2	121.64	14.071	0.373
	Y9-3	49.22	99.42	112.81	15.183	0.359
	Y9-6	49.43	99.57	120.83	13.025	0.369
	平均值	—	—	118.427	14.093	0.367

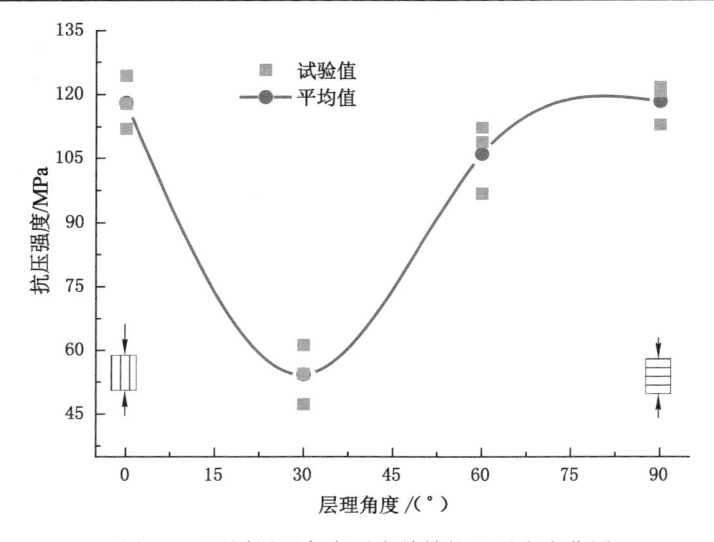

图 4-8　不同层理角度页岩单轴抗压强度变化图

由表 4-5 和图 4-8 可知，页岩的单轴抗压强度随层理角度由 0°至 90°先减小、后增加，层理方位对抗压强度的影响非常显著，表现出明显的层理方向效应。在垂直层理方向，页岩的抗压强度最大，为 118.427 MPa；在层理 30°时最小，为 54.257 MPa，差值为 64.17 MPa；而平行层理方向和垂直层理方向的抗压强度较接近，几乎没有差异。至于平行层理方向和垂直层理方向页岩抗压强度的相对大小，这和层理间的黏结条件及应力状态等有较大关系。总体上，页岩的单轴抗压强度随层理角度的变化呈现出两边高、中间低的 U 形变化规律，且表现出明显的不对称性，具有显著的各向异性特征。

为进一步分析页岩抗压强度的各向异性强弱，根据 Singh 等[141]于 1989 年建议采用的“各向异性比”来定义岩石抗压强度的各向异性度，即定义抗压强度的各向异性度为抗压强度的最大值与最小值的比值：

$$R_c = \frac{\sigma_{\text{cmax}}}{\sigma_{\text{cmin}}} \tag{4-1}$$

式中，R_c 为抗压强度的各向异性度；σ_{cmax} 为抗压强度的最大值，MPa；σ_{cmin} 为抗压强度的最小值，MPa。

根据各向异性度的定义可将岩石材料的各向异性度分为五类，见表 4-6。

表 4-6　岩石材料抗压强度各向异性度的划分标准[110]

等级	各向异性度 R_c 取值范围
各向同性	$1.0 < R_c \leqslant 1.1$
低各向异性	$1.1 < R_c \leqslant 2.0$
中等各向异性	$2.0 < R_c \leqslant 4.0$
高各向异性	$4.0 < R_c \leqslant 6.0$
极高各向异性	$6.0 < R_c$

对龙马溪页岩，其抗压强度的最大值可能出现在平行层理方向或垂直层理方向，但根据试验测试结果，不管为哪种情况，其单轴抗压强度的最大值与最小值的比值均约为 2.185，即龙马溪页岩的各向异性度约为 2.185，根据表 4-6中的划分标准，该页岩为中等各向异性。

单轴压缩下，页岩弹性模量随层理方位的变化规律如图 4-9 所示。

由表 4-5 和图 4-9 可知，页岩的弹性模量随层理角度由 0°至 90°不断减小，降幅达 9.8 GPa，表现出明显的层理方位效应。在平行层理方向页岩的弹

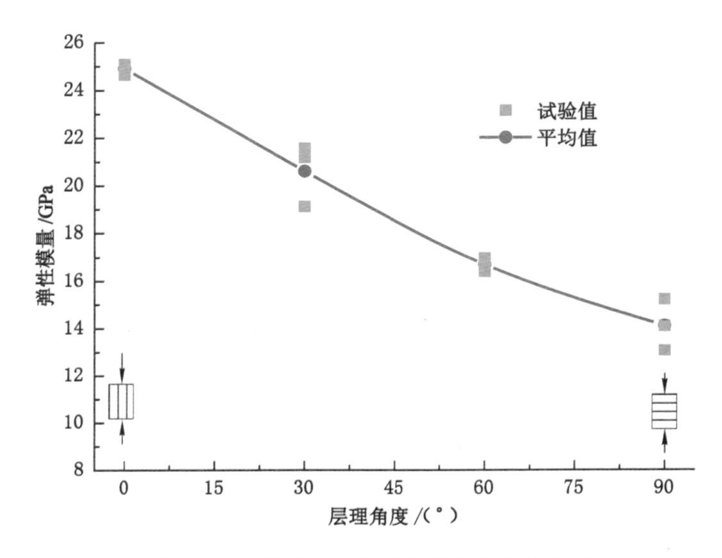

图 4-9　不同层理方位页岩弹性模量变化图

性模量最大，平均值为 24.910 GPa；垂直层理方向页岩的弹性模量最小，平均值为 14.093 GPa；对层理角度为 60°和 90°的页岩，其弹性模量介于最大值和和最小值之间，且随层理角度近似呈线性降低。页岩气储层在成岩过程中，层理间压实程度相对较低，孔隙、微裂缝较发育，而沿层理方向压实程度相对较高，定向排列的黏土矿物束间孔隙、微裂缝较少，在荷载作用下层理间的压密作用较平行层理方向定向排列矿物束间的压密作用显著，变形更大，故页岩平行层理方向的弹性模量明显较垂直层理方向的大。

为进一步分析页岩弹性模量各向异性的强弱，定义平行层理方向弹性模量与垂直层理方向弹性模量的比值为弹性模量的各向异性度：

$$R_E = \frac{E_{0^\circ}}{E_{90^\circ}} \tag{4-2}$$

式中，R_E 为弹性模量各向异性度；E_{0° 为平行层理方向的弹性模量，GPa；E_{90° 为垂直层理方向的弹性模量，GPa。

由表 4-5 和式(4-2)可知，单轴压缩下页岩的弹性模量各向异性度为 1.768，表现出相对较弱的各向异性。

单轴压缩下，页岩泊松比随层理方位的变化规律如图 4-10 所示。

由表 4-5 和图 4-10 可知，单轴压缩下页岩的泊松比随层理角度由 0°至 90°先减小、后增加，表现出了与单轴抗压强度相似的变化趋势，具有明显的层

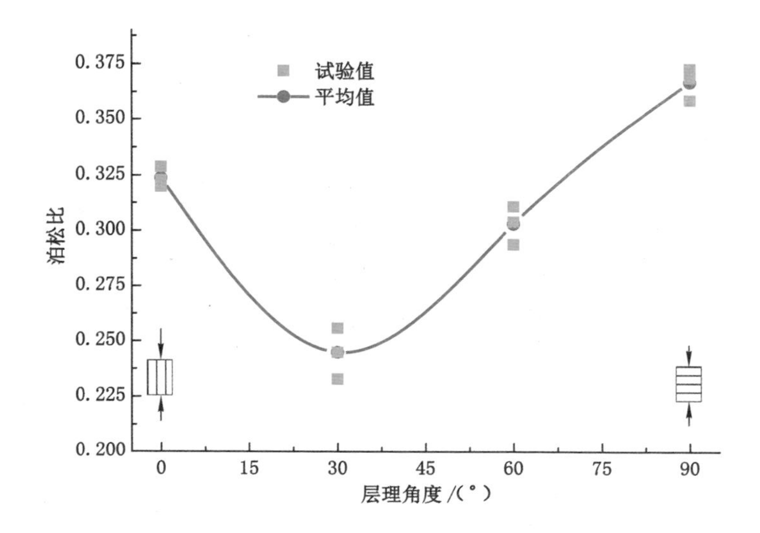

图 4-10　不同层理方位页岩泊松比变化图

理方向效应。垂直层理方向页岩的泊松比最大，为 0.367；层理角度为 30°时，泊松比最小，为 0.245；平行层理方向和垂直层理方向的泊松比较接近，差异为 0.043。总体上，泊松比的变化范围较大，为 0.245～0.367，变化幅值为 0.122。单轴压缩下页岩泊松比的相对大小主要与平行层理方向和垂直层理方向变形的相对大小、破裂模式、龙马溪页岩产状及沉积特征等有关。

为进一步分析页岩抗压强度、弹性模量和泊松比等表现出明显层理方向效应的主要原因，分析其单轴压缩下断裂行为的各向异性及其主要的破坏机制，这对深刻认识页岩力学性质的各向异性特征及分析页岩水力压裂时网状裂缝的形成机理及调控方法有重要的指导作用。

4.3.3　单轴压缩下页岩断裂行为的各向异性

页岩层理面对其纵波波速、抗压强度、弹性模量和泊松比等物理力学参数影响巨大，随层理角度的不同，呈现出一定的各向异性特征。页岩力学特性和抗压强度的各向异性与其断裂行为密切相关，深入认识单轴压缩下不同层理方位页岩的变形特征与断裂行为的差异，对分析页岩呈现出明显各向异性的主要原因有重要意义。

岩石的破裂模式与加载条件、岩性、内部结构及所处的环境特征等因素有关[110]。试验受力条件是影响页岩破裂模式的主要因素,但其层理的不同赋存状态对破裂模式的影响较大,使得不同层理方位页岩的破裂模式存在较大的差异。图 4-11 展示了单轴压缩下不同层理方位页岩的典型破裂样式及断裂形态。

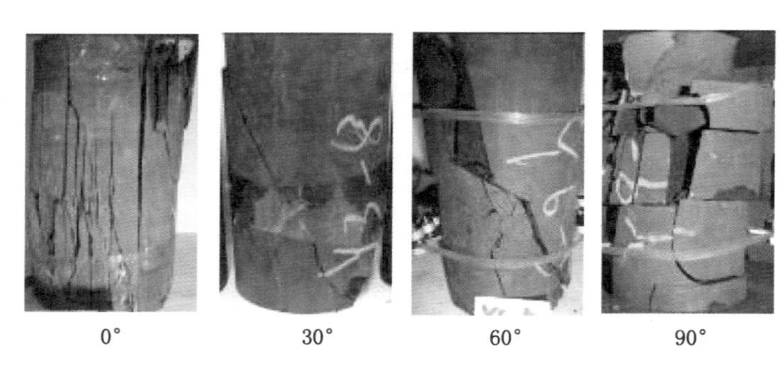

图 4-11 单轴压缩下不同层理方位页岩的典型破裂样式及断裂形态图

单轴压缩时,当轴向应力达到峰值强度后,伴随着能量的突然释放,多个宏观裂缝迅速贯穿试样,使试样完全失去承载能力,形成多个拉伸、剪切破裂面,其破裂形态具有明显的层状硬脆性岩石破坏特征,各向异性较明显。不同层理方位页岩的具体破裂模式如下:

(1) 0°:沿层理面的张拉劈裂。破坏的试样存在多个平行于层理面且贯通试样两端面的张拉破裂面,这些破裂面将试样分成多个薄板状岩块,由于开裂后的岩块还能继续承受荷载,在继续加载的过程中,岩板受压而弯曲,直至部分发生屈曲失稳而折断。页岩孔隙、微裂隙等原始缺陷多平行于层理分布,在轴向荷载作用下,这些原始缺陷的继续发育、扩展、连接及相互贯通是平行层理页岩形成沿层理面张拉劈裂破坏的主要原因。

(2) 30°:沿层理面的单一剪切破裂。破坏的试样沿 30°层理面形成贯穿整个试样的平整破裂面,试样发生明显的沿层理面的剪切滑移破坏。页岩孔隙、微裂隙沿层理的定向排列使层理的胶结作用较弱,这是页岩易沿层理发生剪切破裂的主要原因。此外,该层理方位页岩的抗压强度最低,这表明在压缩荷载下页岩极易沿层理发生剪切失稳破裂,这是页岩气储层水平井易沿层理剪切失稳的主要原因,也是水力裂缝在扩展中易沿转向层理扩展的主要原因之一。

(3) 60°:贯穿层理的多剪切破裂。破坏的试样自两端形成大角度的剪切破裂面,破裂面贯穿多个层理面向试样中部扩展,最终通过 60°层理面连接,形成近似 Z 形的多剪切破坏面。产生此种破裂模式的主要原因是:单轴压缩条件下,页岩在满足摩尔-库伦准则的临界破裂条件时,初始剪切裂缝与层理有一定夹角,而在剪切裂缝扩展的过程中,由于层理的黏结强度较基质体弱,导致沿层理面的剪应力超过了其抗剪强度,形成了沿层理的剪切滑移破裂,从而形成了近似 Z 形的贯穿层理和沿层理的复杂剪切破裂。

(4) 90°:贯穿层理的张拉破裂。由于试样端面与试验机压头的摩擦作用抑制了两端部的侧向变形,试样中部在较大的侧向张拉作用下形成了贯穿层理面的张拉破坏,而该破坏又使试样沿层理面开裂为平行的几部分。泊松效应和层理面的弱胶结强度是垂直层理页岩产生贯穿层理张拉破坏的主要原因。

综上可知,单轴压缩下页岩的破裂模式主要为张拉劈裂破坏和剪切破坏两种。不同层理方位页岩的破裂模式表现出显著的各向异性特征,这是页岩抗压强度、弹性模量和泊松比表现出各向异性的主要原因。除层理角度 30°页岩形成单一的剪切破裂面,裂缝形态较简单外,其他层理角度页岩均形成了相对较复杂的裂缝形态,其破裂模式也较复杂。这表明在单轴压缩的过程中,页岩层理面为弱结构面,易发生张拉劈裂和剪切滑移破坏,这对页岩的破裂形态影响较大。当页岩裂缝与层理面相交时,会出现裂缝的分叉、转向及层理开裂现象,即弱层理和应力间存在竞争起裂和竞争扩展行为,这将使裂缝沿最小耗能方向扩展延伸,从而呈现出复杂的破裂形态,形成裂缝网络。而页岩气储层水力压裂时形成的多个交叉裂缝、网状裂缝等的成因与此相关,这表明在水力压裂设计的过程中,要同时考虑地应力的相对大小和层理方位,从而保证压裂中水力裂缝、层理、天然裂缝(即地应力)间形成复杂的竞争起裂与扩展行为,进而使压裂后储层中可以形成天然裂缝、压裂缝与诱导裂缝纵横交错的裂缝网络,从而增大页岩气储层的改造体积,提高页岩气井的产能。因此,分析不同层理方位页岩断裂行为的各向异性特征对认识其水力压裂网状裂缝形成机理及调控方法具有重要的参考意义。

4.3.4　单轴压缩下页岩破裂机制的各向异性

页岩断裂行为的各向异性是由破裂机制的各向异性引起的,而抗压强度的各向异性是由破裂机制的各向异性控制的。因此,分析页岩破裂机制的各向异性对进一步认识页岩断裂行为的各向异性特征及复杂裂缝形态的产生机制具有重要作用。

通过对不同层理方位页岩的破裂面与层理方位及加载方向的关系

(图 4-11)进行分析不难发现,单轴压缩时,其破坏机制可分为四种类型,表现出了明显的各向异性特征:0°页岩为层理面主控的沿层理的张拉劈裂破坏;30°页岩为层理面主控的沿层理的剪切滑移破坏;60°页岩为基质体和层理面共同控制的贯穿层理和沿层理的剪切破坏;90°页岩为基质体和层理面共同控制的贯穿层理的张拉破坏。无论哪种破坏机制,层理面均起到了较重要的控制作用。因此,总体上来看,层理面的存在是引起页岩单轴压缩下破裂机制各向异性的主要原因。但产生页岩破裂机制各向异性的根源为黏土矿物、微裂隙等的定向排列而形成的页岩层状沉积结构。

总之,单轴压缩下页岩抗压强度、弹性模量和泊松比表现出明显各向异性的根本原因有两个:① 黏土矿物、微裂隙等在沉积压实过程中的定向排列形成的层状沉积结构;② 页岩沉积成岩过程中层理间压密程度相对较低,垂直层理加载时变形较大,而平行层理方向压实程度较高,沿层理加载时变形相对较小。

4.3.5 表征页岩横观各向同性的弹性常数获取

多数情况下,考虑岩石各向异性对岩体工程的重要性已得到大量实践的证明,但目前还没有一种被大家普遍接受的用于测定岩石各向异性弹性常数的标准方法。本书采用被国内外学者所广泛接受的最简单也是最常用的单轴压缩试验测试页岩的各向异性弹性常数。

单轴压缩时,至少需对 3 个不同层理方位页岩试样进行试验,通过平行层理和垂直层理方向的试验测试其平行层理和垂直层理方向的弹性模量和泊松比,而剪切模量 G_{12} 需根据平行层理和垂直层理外任意层理角度的单轴压缩试验结果获取。由式(2-20)中 a_{22} 的表达式得到的任意层理角度页岩弹性模量 E_θ 与 5 个独立弹性常数间的关系为:

$$\frac{1}{E_\theta}=\frac{\sin^4\theta}{E_1}+\frac{\cos^4\theta}{E_2}+\left(\frac{1}{G_{12}}-2\frac{\nu_2}{E_2}\sin^2\theta\cos\theta\right) \tag{4-3}$$

本书根据式(4-3)与层理角度 30°和 60°页岩的试验结果,通过曲线拟合得到的表征页岩横观各向同性的 5 个独立弹性常数见表 4-7。

表 4-7 页岩各向异性弹性参数表

弹性参数	E_1/GPa	E_2/GPa	ν_1	ν_2	G_{12}/GPa
数值	24.910	14.093	0.324	0.367	7.814

在确定了页岩气储层各向异性材料参数后，可进一步研究水平井井壁围岩的应力状态、井壁稳定性、地层破裂压力及水力裂缝起裂和扩展规律等。虽然页岩各向异性问题较复杂、烦琐，但国内外学者已对该问题有了足够重视，且已有了一定的研究成果，可为下一步页岩地层水力压裂相关问题的分析提供参考。

4.4　三轴压缩下页岩断裂行为的各向异性特征

三轴压缩试验不仅能确定不同围压条件下不同层理方位页岩的强度参数，如三轴压缩强度、弹性模量、泊松比及不同层理方位页岩的黏聚力和内摩擦角等的变化规律，还可分析不同层理方位页岩围压变化时其断裂行为的变化规律。

三轴压缩试验亦采用美国产的 MTS 815.04 岩石力学综合测试系统。三轴压缩试验时轴向加载力采用轴向位移控制方式，其加载速率均为 0.18 mm/min。试验时，先将试样两端加上压头，并用热密封套密封，安装应变传感器并放入三轴压力室；然后施加围压，围压以 3 MPa/min 的速率加至预定值；最后在围压加载到预定值后，保持围压不变，沿试样轴向施加荷载直至破坏至残余摩擦阶段。在加载的过程中全程采集试样的轴向力、轴向位移和环向位移等数据。

三轴压缩试验时页岩试样的层理角度仍依次为 0°、30°、60°和 90°四组。首先，均选取不含宏观结构面（肉眼可见或浸水后可见）的完整试样依次编号；其次，测试该四组试样在常温常压下的纵波波速，并剔除波速异常的试样；最后，测试四组页岩试样在常规三轴压缩条件（围压分别为 10 MPa、20 MPa 和 30 MPa）下的压缩强度和变形破坏特征。试验时，每组试样至少需成功三个并求取其平均值。

4.4.1　三轴压缩下页岩应力-应变曲线特征

三轴压缩下不同层理方位页岩在不同围压下典型的应力-应变曲线如图 4-12 ～图 4-15 所示。

三轴压缩时，不同层理方位页岩在不同围压下的应力-应变曲线的主要特征如下：

(1) 总体上，随着围压的增加，不同层理方位页岩表现出的脆性特征逐渐减弱，延性特征逐渐增强，应力-应变曲线的应变软化特征逐渐明显。不同层理角度页岩的应力-应变曲线仍表现出明显的各向异性特征，且其仍可大致分为四个不同阶段：

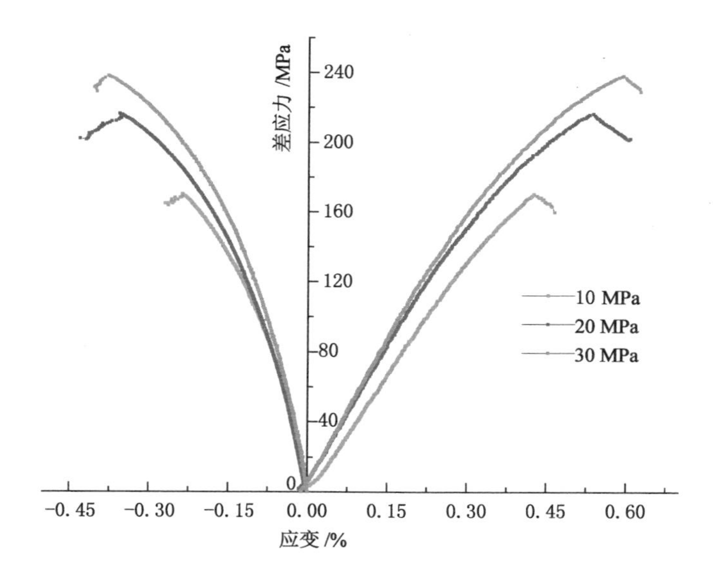

图 4-12　三轴压缩下层理角度 0°页岩的应力-应变曲线

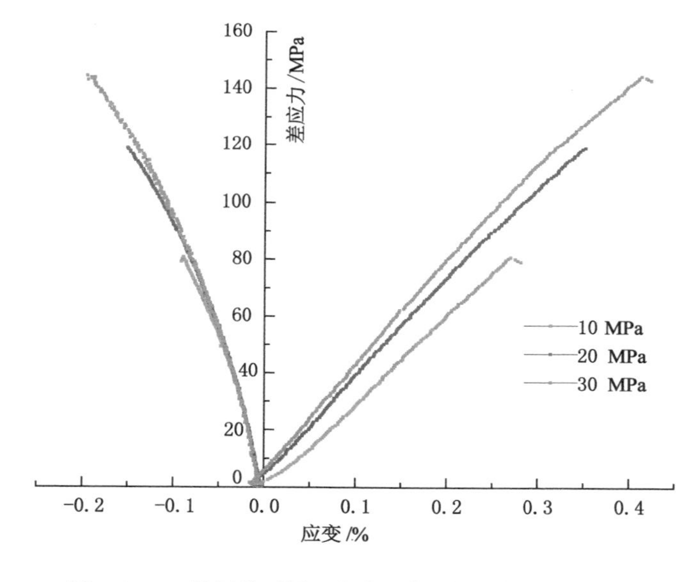

图 4-13　三轴压缩下层理角度 30°页岩的应力-应变曲线

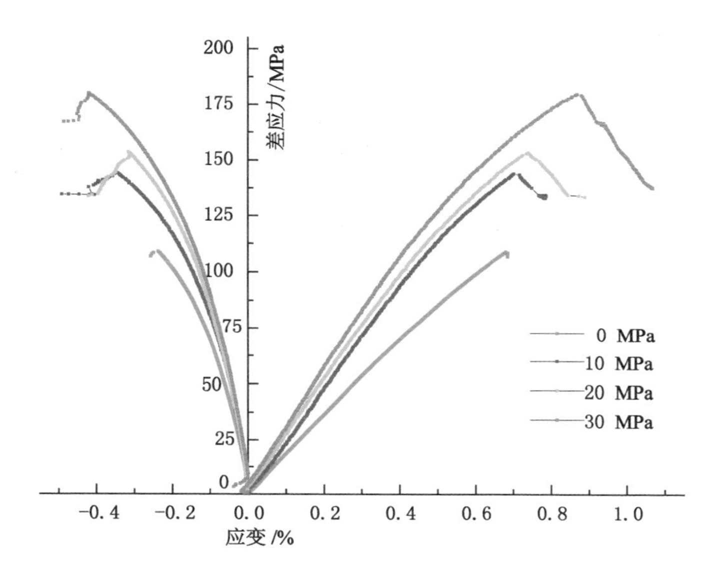

图 4-14　三轴压缩下层理角度 60°页岩的应力-应变曲线

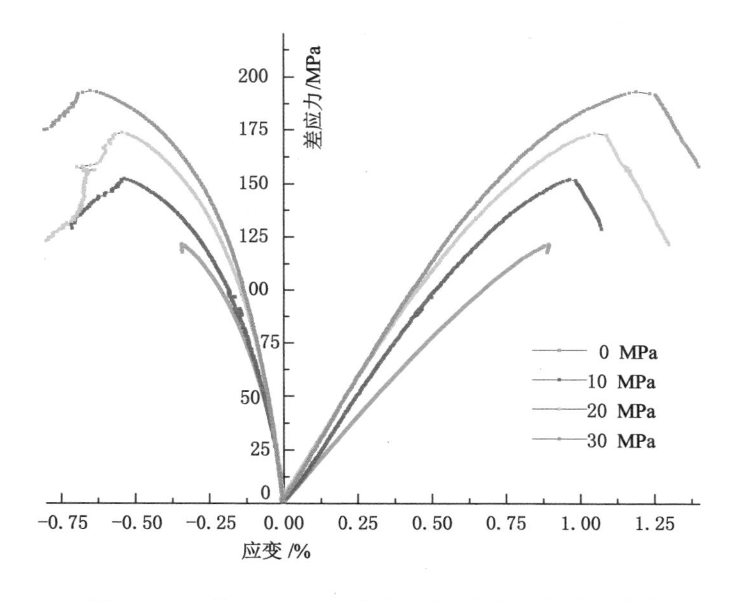

图 4-15　三轴压缩下层理角度 90°页岩的应力-应变曲线

① 压密阶段：不同层理方位页岩在不同围压下初始压密阶段均不明显，这进一步表明该页岩较致密坚硬，其内部的裂隙、微裂缝等不太发育，裂隙、微裂隙等在外力作用下的闭合效应不明显。此外，这也与页岩极低的孔隙度和超低的渗透率相一致。

② 线弹性阶段：由于页岩的压密阶段不明显，加载后其应力-应变曲线迅速进入线弹性阶段，且该阶段仍较长；随着围压的增加，不同层理方位页岩应力-应变曲线上线弹性阶段的斜率均明显增加，但其增加速率随围压的增大逐渐减小，这表明不同层理方位页岩弹性模量的围压效应均逐渐减弱。此外，不同层理方位页岩的稳定破裂阶段随围压的增大均逐渐明显，尤其是沿层理和垂直层理方向，这也进一步表明该页岩所表现出的硬脆性特征随围压的增大逐渐减弱，而韧性特征却随围压的增大开始逐渐明显。

③ 不稳定破裂阶段：当荷载增加到某一数值时，应力-应变曲线的斜率略有减小，进入渐进性破裂的不稳定阶段，但当围压较低时，页岩弹塑性转化的屈服应力点较难辨别，且该阶段较短，几乎不存在，这表明页岩微裂纹的扩展、连接、贯通直至失稳破裂是在较短时间内完成的，其脆性较强。而当围压逐渐增加时，不同层理方位页岩弹塑性转化的屈服应力点均逐渐明显，且该阶段逐渐加长，但该阶段应力-应变曲线却逐渐平缓、斜率逐渐减小，这表明页岩的韧性逐渐增强，脆性逐渐降低。层理角度为 30°的页岩该阶段仍不明显，这可能与该方位页岩压缩时层理面极易剪切滑移而塑性特征没有表现出来有较大关系。

④ 峰后阶段：当应力达到峰值强度后，裂隙迅速发展、连接并贯通后形成宏观破裂面。该阶段，不同层理方位页岩应力-应变曲线的应力跌落速度随围压的增加逐渐减小，应力跌落值不断减小，且其破裂时的响声逐渐不明显，试样的残余强度逐渐显现，不同层理方位页岩的残余强度随围压的增加不断增大；不同层理方位页岩应力-应变曲线的应变软化速率随围压的增加逐渐减小，这也进一步表明页岩的韧性随围压的增加逐渐明显，脆性逐渐减弱。

(2) 不同层理方位页岩的应力-应变曲线表现出明显的各向异性特征：随围压的升高，0°和 90°页岩的弹塑性现象最明显，60°次之，而 30°页岩表现出明显的弹脆性现象，这可能与 30°页岩在不同围压下均发生沿层理面的剪切滑移破坏有关。

(3) 随围压的升高，不同层理方位页岩应力-应变曲线的线弹性阶段的斜率随层理角度的增大不断增大，且其增加速率随层理角度的增大明显增加，表现出明显的各向异性特征。

4.4.2 三轴压缩下页岩力学参数的各向异性特征

为进一步研究单轴及三轴压缩下页岩力学性质的各向异性特征，对不同层理方位页岩在不同围压下的压缩强度、弹性模量、泊松比等力学参数进行了分析，并根据定义的压缩强度和弹性模量的各向异性度，深入分析了页岩的各向异性特征随围压的变化规律。

表 4-8～表 4-11 依次给出了不同层理方位页岩三轴压缩下的峰值强度、弹性模量和泊松比的试验结果。由于试验数据量较大，表 4-8～表 4-11 仅给出了每个层理方位页岩在每个指定围压下两块试样的试验数据。三轴压缩试验测试得到的页岩压缩强度如图 4-16 所示。

表 4-8　层理角度 0°页岩三轴压缩下的试验结果

层理角度 /(°)	试样编号	直径 /MPa	长度 /mm	围压 /MPa	抗压强度 /MPa	弹性模量 /GPa	泊松比
0	Y0-6	49.10	99.60	10	149.85	46.30	0.400
	Y0-12	49.18	99.30	10	170.28	39.57	0.368
	平均值	—	—	10	160.07	42.94	0.384
	Y0-7	49.08	99.36	20	206.84	52.05	0.412
	Y0-13	49.20	99.88	20	216.33	52.97	0.420
	平均值	—	—	20	211.59	52.51	0.416
	Y0-8	49.20	99.18	30	238.11	56.44	0.433
	Y0-15	49.20	99.58	30	229.14	56.45	0.411
	平均值	—	—	30	233.63	56.45	0.422

表 4-9　层理角度 30°页岩三轴压缩下的试验结果

层理角度 /(°)	试样编号	直径 /MPa	长度 /mm	围压 /MPa	抗压强度 /MPa	弹性模量 /GPa	泊松比
30	Y3-12	49.96	99.62	10	80.74	31.92	0.362
	Y3-23	49.52	99.37	10	78.35	25.77	0.334
	平均值	—	—	10	79.55	28.85	0.348
	Y3-3	49.30	99.62	20	118.80	36.23	0.339
	Y3-13	49.18	99.80	20	102.87	28.61	0.307
	平均值	—	—	20	110.84	32.42	0.323
	Y3-5	49.40	99.74	30	136.25	37.95	0.331
	Y3-22	49.69	99.43	30	144.32	37.8	0.374
	平均值	—	—	30	140.29	37.88	0.353

表 4-10　层理角度 60°页岩三轴压缩下的试验结果

层理角度/(°)	试样编号	直径/MPa	长度/mm	围压/MPa	抗压强度/MPa	弹性模量/GPa	泊松比
60	Y6-6-1	49.93	99.55	10	139.81	23.65	0.288
	Y6-7	49.32	99.70	10	144.03	24.61	0.276
	平均值	—	—	10	141.92	24.13	0.282
	Y6-8	49.58	100	20	153.44	25.14	0.277
	Y6-10	49.42	99.82	20	144.82	24.2	0.259
	平均值	—	—	20	149.13	24.67	0.268
	Y6-9	49.68	99.60	30	179.93	26.52	0.275
	Y6-11	49.54	99.58	30	185.45	26.06	0.260
	平均值	—	—	30	182.69	26.29	0.267

表 4-11　层理角度 90°页岩三轴压缩下的试验结果

层理角度/(°)	试样编号	直径/MPa	长度/mm	围压/MPa	抗压强度/MPa	弹性模量/GPa	泊松比
90	Y9-5	49.24	99.44	10	152.23	24.56	0.317
	Y9-11	49.56	100.04	10	157.44	21.25	0.332
	平均值	—	—	10	154.84	22.91	0.325
	Y9-8	49.62	99.34	20	174.43	23.19	0.252
	Y9-12	49.18	99.48	20	173.62	22.34	0.264
	平均值	—	—	20	174.03	22.77	0.258
	Y9-9	49.30	99.38	30	192.96	24.67	0.267
	Y9-13	49.30	99.82	30	193.49	23.4	0.258
	平均值	—	—	30	193.23	24.04	0.263

由图 4-16 可知，不同围压下，页岩压缩强度均随层理角度由 0°至 90°先减小、后增加，层理角度的不同对压缩强度的影响非常显著，表现出明显的层理方向效应。不同围压下，平行层理方向页岩的压缩强度均最大，且随围压的增大其增加较明显；层理角度 30°页岩在不同围压下压缩强度均为最小值，但其随围压增大时的增加速率明显较平行层理方向页岩的小；层理角度 60°和垂直层理方向页岩的压缩强度随围压的增大增加速率相对较小，这进一步说明

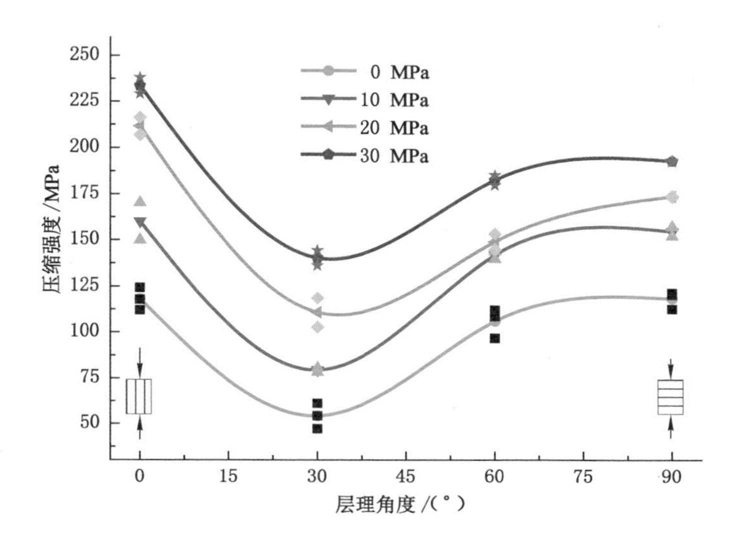

图 4-16　压缩强度随页岩层理角度和围压的变化规律

页岩在沉积成岩的过程中层理间压密程度较平行层理方向低。总体上，不同围压下，页岩的压缩强度在层理角度为 0°时最高，90°时次之，30°时最低，呈现出两边高、中间低的 U 形变化规律，但层理角度 0°时压缩强度随围压的变化速率明显较 90°时的快，其差值随围压的增大逐渐加大。

为进一步分析页岩压缩强度的各向异性随围压的变化规律，根据定义的压缩强度计算了各向异性度 R_c 随围压的变化规律，见表 4-12。

表 4-12　不同围压下页岩压缩强度的各向异性度

围压/MPa	0	10	20	30
R_c	2.185	2.011	1.909	1.665

由表 4-12 可知，当围压存在时，页岩的压缩强度仍存在各向异性特征，但随着围压的增加，层理对页岩压缩强度的影响不断降低。低围压下，页岩仍表现出较强的压缩强度各向异性，但当围压增大到 30 MPa 时，压缩强度的各向异性已明显减小，这表明围压的增大对层理面的剪切滑移失稳起到了明显的抑制作用，从而降低了压缩强度的各向异性。

三轴压缩下，页岩弹性模量随层理角度和围压的变化规律如图 4-17 所示。

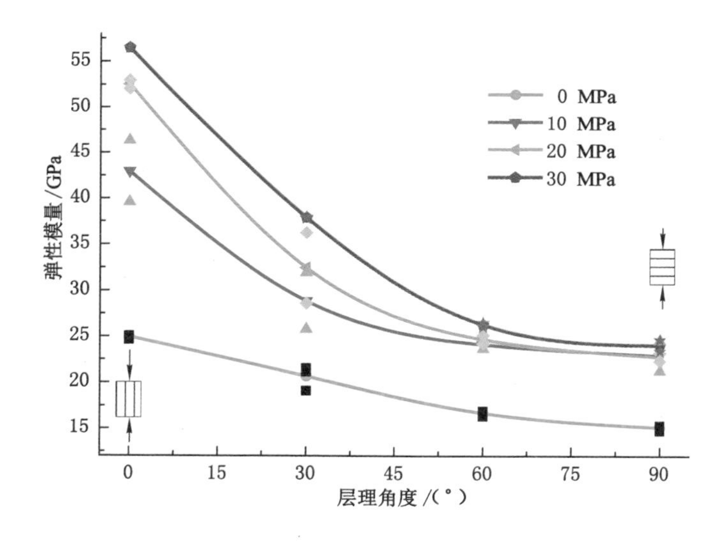

图 4-17　弹性模量随页岩层理角度和围压的变化规律

由图 4-17 可知，不同围压下，页岩的弹性模量均随层理角度由 0°至 90°不断减小，层理角度对弹性模量的影响非常显著，表现出明显的层理方向效应。不同围压下，平行层理方向页岩的弹性模量最大，且随围压的升高迅速增加，但其增加速率逐渐减小；垂直层理方向页岩的弹性模量均最小，10 MPa 围压时该方向弹性模量明显较单轴压缩时大，但随着围压的继续增加，该层理方位页岩的弹性模量几乎没有增大。总体上，三轴压缩时，随围压的增加，各层理方位页岩的弹性模量均逐渐增大，但其增加速率不断减小；同一围压下，弹性模量的增加速率随层理角度的增大逐渐减小；对层理角度 60°和 90°的页岩，围压的增大对弹性模量的增加几乎没有影响。这可能是由于页岩气储层在成岩过程中，层理间压实程度相对较低，孔隙、微裂缝较发育，而平行层理方向压实程度相对较高，定向排列的矿物束间孔隙、微裂缝较少，在荷载作用下层理间的压密作用较平行层理方向定向排列矿物束间的压密作用显著，变形更大，且围压对层理间的孔隙、微裂缝的约束作用更显著，故页岩平行层理方向的弹性模量明显较垂直层理方向的大，且平行层理方向的弹性模量随围压的增加增大较明显，而垂直层理方向的弹性模量随围压的增加几乎没有变化。

为进一步分析页岩弹性模量的各向异性随围压的变化规律，根据定义的弹性模量计算了各向异性度 R_E 随围压的变化规律，见表 4-13。

表 4-13　不同围压下页岩弹性模量的各向异性度

围压/MPa	0	10	20	30
R_E	1.768	1.874	2.306	2.348

由表 4-13 可知，当围压存在时，页岩弹性模量的各向异性特征更加显著，且随围压的增加，弹性模量的各向异性度逐渐加大。低围压下，页岩的弹性模量各向异性度相对较低，但当围压增大至 20 MPa 时，其弹性模量各向异性度已超过 2，这表明高围压时页岩的弹性模量各向异性已非常显著，围压的存在明显增强了页岩弹性模量的各向异性。

页岩弹性模量和压缩强度的各向异性度随围压的变化规律如图 4-18 所示。

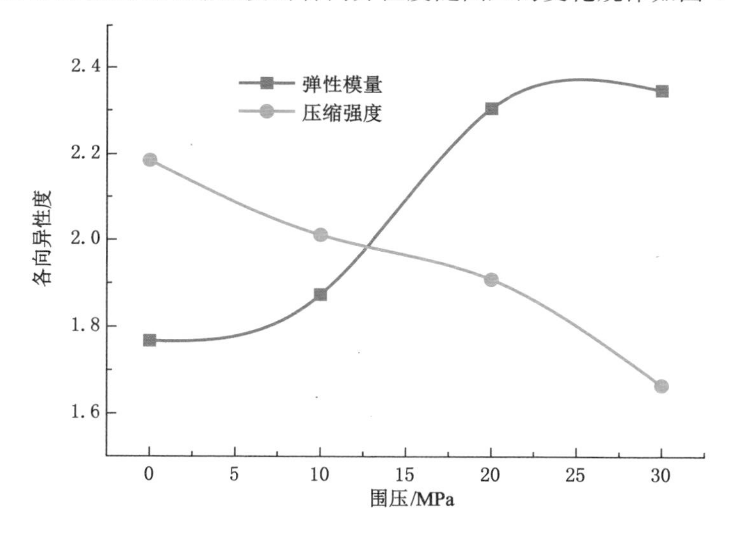

图 4-18　页岩压缩强度和弹性模量的各向异性度随围压的变化图

由图 4-18 可知，总体上，页岩弹性模量和压缩强度的各向异性度随围压的增加呈现出了相反的变化规律。弹性模量各向异性度的增加是由压力对层理间孔隙、裂隙和微裂缝的压密作用较显著，对平行层理方向的压密作用较微弱引起的；而压缩强度各向异性度的减小是由围压抑制层理面剪切滑移开裂而诱导的破裂机制改变引起的。因此，对页岩地层，当深度增加或处于高地应力状态时，如果忽略其弹性模量的各向异性，将对工程实际问题的分析和设计带来较大误差；而层理面的易剪切滑移性质受到较大抑制后，强度各向异性度将较小，较利于井壁的稳定控制等。

三轴压缩下，页岩泊松比随层理角度和围压的变化规律如图 4-19 所示。

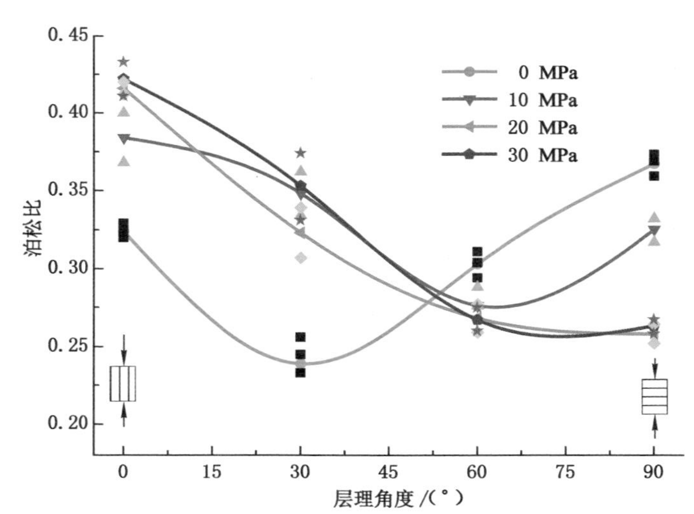

图 4-19　泊松比随页岩层理角度和围压的变化规律

由图 4-19 可知，总体上，层理角度 0°、30°和 60°、90°页岩的泊松比随围压的增加呈现出了相反的变化规律。层理角度 0°和 30°页岩的泊松比随围压的增加不断增大，而 60°和 90°页岩的泊松比随围压的增加不断减小。这可能是层理间孔隙和微裂隙较发育，压力对水平层理方向的压密作用影响较小，而对垂直层理方向的孔隙、裂隙和微裂缝的压密变形作用影响较大引起的。低围压时，泊松比表现出的不规则变化特征是层理间孔隙和微裂隙瓦解的结果[142]，高围压时，该瓦解作用受到抑制，泊松比随层理角度的变化表现出与弹性模量相似的变化规律。泊松比的这一变化特征进一步说明了层理面的黏结力相对较弱，为页岩地层的薄弱面。在钻井过程中，尤其是水平井钻进的过程中，钻井液滤液易沿层理间的孔隙、微裂隙浸入地层，使页岩地层强度降低，在井下钻具的扰动下，极易出现掉块、坍塌等井壁失稳现象，因此，层理间孔隙和微裂隙的良好发育也是页岩气储层井壁易失稳的重要原因之一。

由图 4-19 可知，在层理角度为 50°～60°间大致存在一个层理方位，该方位页岩的泊松比将几乎始终保持为固定值，该值并不随围压的增加而变化，而该方位页岩泊松比保持不变的这个特殊性质的可靠性还需进一步开展相关试验验证和深入研究。

为进一步分析不同层理方位页岩在不同围压下的压缩强度各向异性特征，通过引入能反映岩体强度各向异性的新参数来考虑适用于岩体各向异性特征的 Hoek-Brown 经验强度准则。

4.4.3　不同层理方位页岩的 Hoek-Brown 强度准则

对于层状岩体，Jaeger[143] 提出并经过 Donath[144] 修正后得到了适用于表征单轴压缩条件下横观各向同性岩体抗压强度各向异性特征的经验公式，称为 Jaeger 强度准则或为扩展的 Jaeger 强度准则，其最常用的表达式为：

$$\sigma_{c\beta} = A - D[\cos 2(\beta_m - \beta)] \tag{4-4}$$

式中，$\sigma_{c\beta}$ 为层理角度为 β 时的抗压强度，MPa；A 和 D 为常数，至少需通过三个不同层理角度的抗压强度拟合得到；β_m 为抗压强度最小值时的层理角度，(°)，一般为 30°或 45°；β 为层理角度值，(°)。

扩展的 Jaeger 强度准则较适合于页岩、板岩等横观各向同性层状岩体，该种层状岩体各层厚度较薄且岩性基本相同，但该强度准则较适用于单轴抗压强度、抗剪强度、黏聚力和内摩擦角等强度参数的变化特征，并不适用于不同围压下横观各向同性岩体压缩强度的变化规律。因此，为更进一步分析不同层理方位页岩在不同围压下压缩强度的变化规律，在 Hoek-Brown 强度准则的基础上提出了适用于不同层理方位岩体的 Hoek-Brown 强度准则。

针对 Mohr-Coulomb 准则仅适用于岩体剪切破坏的缺陷，Hoek（霍克）、Brown（布朗）在大量试验数据统计分析的基础上，提出了 Hoek-Brown 经验强度准则[145]。该强度准则综合考虑了岩体强度、结构面强度和岩体结构等因素的影响，能对岩体的拉伸破坏和剪切破坏机制进行描述，较适用于各向异性较明显的页岩。

Hoek-Brown 强度准则的表达式为：

$$\sigma_1 = \sigma_3 + \sigma_c \left(m \frac{\sigma_3}{\sigma_c} + s \right)^{\alpha} \tag{4-5}$$

式中，σ_c 为岩石的单轴抗压强度，MPa。m、s 为经验参数，m 反映岩石的软硬程度，其取值范围为 0.001～25，对完整坚硬岩体取 25；s 与岩石内部颗粒间抗拉强度和啮合程度有关，反映岩石的完整性，其取值范围为 0～1，对破碎岩体取 0，完整岩体取 1。α 是与岩体特征有关的常数，对完整岩体取 0.5。

对页岩，通过考虑不同层理方位的 Hoek-Brown 强度准则来描述其强度的各向异性。为此，引入能反映岩体强度各向异性的新参数 κ_β 来考虑 Hoek-Brown 强度准则的各向异性特征[146]，定义如下：

$$\kappa_\beta = \frac{m_\beta}{m_i} \tag{4-6}$$

式中，m_β为层理角度为β时参数m的值；m_i为层理角度90°时参数m的值。

由式(4-1)和式(4-6)可知，对层理角度为90°的页岩，$\kappa_\beta=1$。进而由式(4-5)可知，不同层理方位页岩的Hoek-Brown强度准则可表示为：

$$\sigma_1=\sigma_3+\sigma_{c\beta}\left(\kappa_\beta m_\beta\frac{\sigma_3}{\sigma_{c\beta}}+1\right)^{0.5} \tag{4-7}$$

根据式(4-7)拟合不同层理方位页岩在不同围压下的压缩强度，得到其强度包络线如图4-20所示。

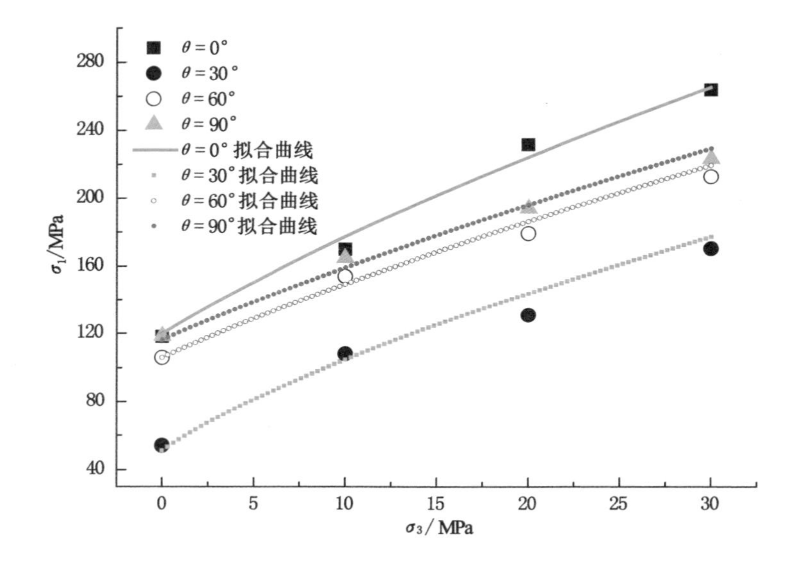

图4-20　不同层理方位页岩的Hoek-Brown强度包络线

根据曲线拟合得到的页岩强度包络线可知，不同层理方位页岩的Hoek-Brown强度准则参数见表4-14。

表4-14　不同层理方位页岩的Hoek-Brown强度准则参数表

强度参数	层理角度β/(°)			
	0	30	60	90
m_β	12.121	5.892	6.757	7.462
κ_β	1.624	0.789	0.905	1
$\sigma_{c\beta}$/MPa	119.748	51.3	105.920	116.872
R^2	0.977 8	0.968	0.983	0.986

由表 4-14 可知，$\kappa_{\beta\max}$ 接近于页岩的压缩强度各向异性度 $R_c=2.185$，且 κ_β 的最大、最小值与压缩强度 $\sigma_{c\beta}$ 的最大、最小值在相同的层理方位获得，故 κ_β 在一定程度上也反映了页岩压缩强度的各向异性特征。不同层理方位页岩的 Hoek-Brown 强度准则参数差别较大，但总体上仍大致呈现了类似压缩强度的两边高、中间低的 U 形变化规律，各向异性特征较明显，能较好地反映不同层理方位页岩压缩强度的各向异性特征。

4.4.4　三轴压缩下页岩抗剪强度参数的各向异性特征

根据单轴及三轴压缩条件下得到的不同围压下不同层理方位页岩的峰值压缩强度，可通过 Mohr-Coulomb 强度准则计算不同层理方位页岩的黏聚力 c 和内摩擦角 φ，可评价不同层理方位页岩抗剪强度参数的各向异性特征。具体做法是：分别将同一层理方位页岩在不同围压下三轴压缩破裂时的最大轴向应力 σ_1 和围压 σ_3 采用直线进行曲线拟合，通过拟合曲线的斜率和截距计算不同层理方位页岩的黏聚力 c 和内摩擦角 φ。其具体计算公式为：

$$\sigma_1=\xi\sigma_3+\eta \tag{4-8}$$

式中，ξ 为拟合直线的斜率，其与内摩擦角 φ 的关系为 $\xi=\dfrac{1+\sin\varphi}{1-\sin\varphi}$；$\eta$ 为拟合直线的截距，其与黏聚力 c 的关系为 $\eta=\dfrac{2c\cos\varphi}{1-\sin\varphi}$。

故根据 Mohr-Coulomb 强度准则，同一层理方位页岩的黏聚力 c 和内摩擦角 φ 的计算公式为：

$$\begin{cases}\varphi=\arcsin\dfrac{\xi-1}{\xi+1}\\[2ex] c=\dfrac{\eta(1-\sin\varphi)}{2\cos\varphi}\end{cases} \tag{4-9}$$

图 4-21 列出了不同层理方位页岩在不同围压下最大主应力与最小主应力间的线性拟合曲线图。

由图 4-21 可知，不同层理方位页岩三轴压缩下最大主应力-最小主应力线性拟合效果较好，相关性较高。将拟合直线表达式的斜率和截距代入式(4-9)，可得到不同层理方位页岩的黏聚力和内摩擦角。表 4-15 列出了不同层理方位页岩的黏聚力和内摩擦角的计算值。

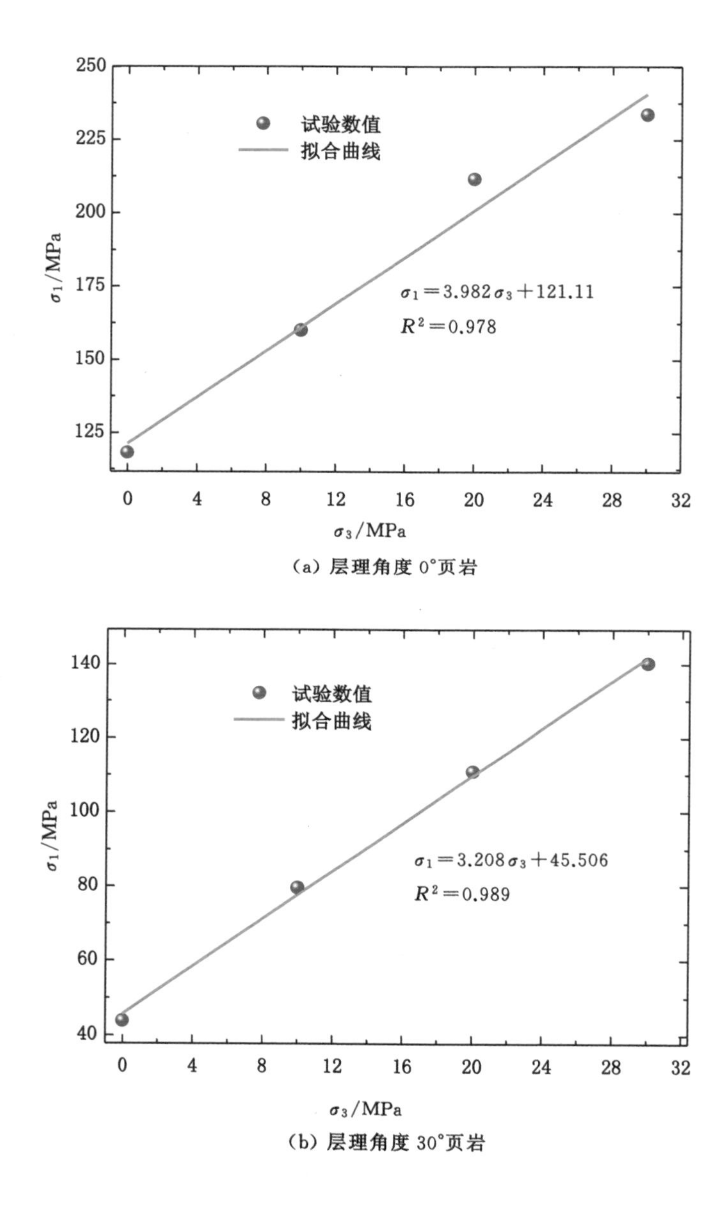

(a) 层理角度 0°页岩

(b) 层理角度 30°页岩

图 4-21 不同层理方位页岩抗剪强度参数拟合曲线

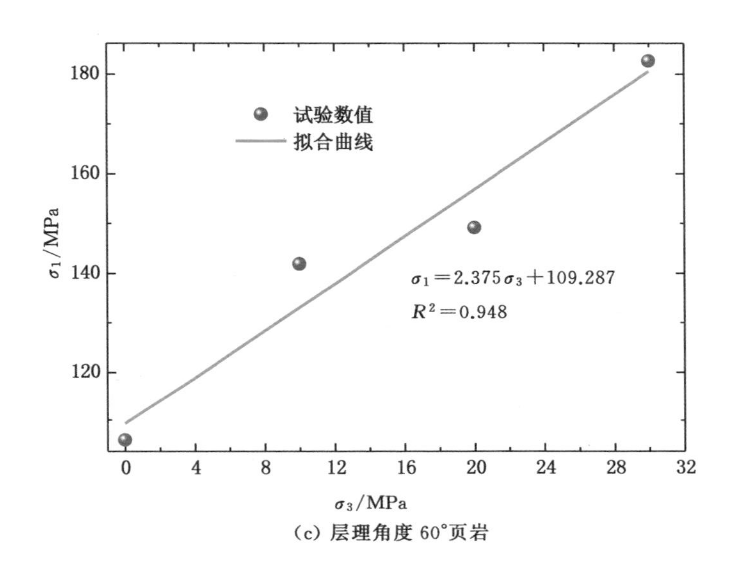

(c) 层理角度 60°页岩

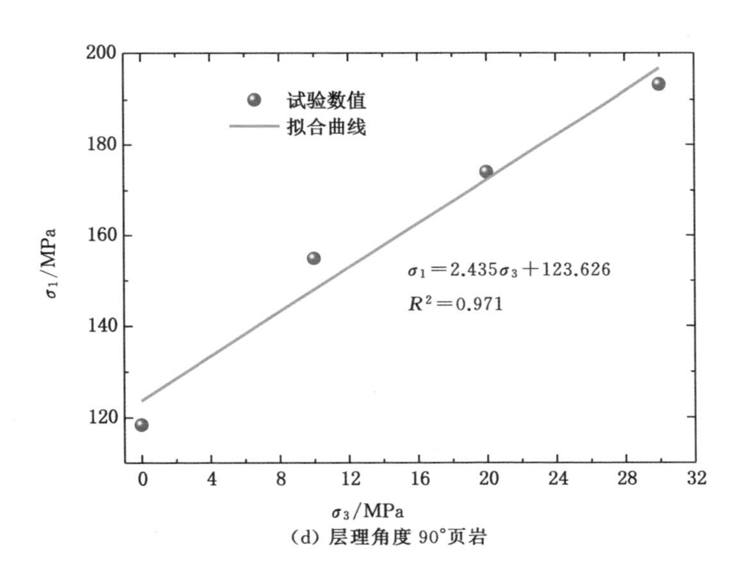

(d) 层理角度 90°页岩

图 4-21(续)

表 4-15 三轴压缩试验确定的不同层理方位页岩的抗剪强度参数值

层理角度/(°)	黏聚力/MPa	内摩擦角/(°)
0	30.35	36.77
30	12.70	31.65
60	35.89	23.81
90	39.59	24.70

根据 Mohr-Coulomb 强度准则，计算出不同层理方位页岩的黏聚力和内摩擦角，可知不同层理方位页岩的抗剪强度参数差别很大，也即不同层理方位页岩抵抗剪切破裂的能力差别很大，主要是因为层理弱面倾斜角度不同，其力学性质、强度特征和变形能力也呈现出一定程度的各向异性，破坏形态也将有所不同：

(1) 0°页岩的内摩擦角比其他层理方位页岩的都偏大，主要是由于其加载方向与层理弱面平行，围压作用下提高了其层理弱面间的压实程度，使得其横向拉应力减小，破坏不再如单轴压缩时沿层理弱面呈柱状劈裂破坏，而是贯穿层理弱面的剪切破坏，故其抗压强度增幅最大，计算得到的内摩擦角也最大，而黏聚力则偏小。

(2) 60°和 90°页岩的在三轴压缩下应力-应变曲线应变软化阶段比较明显，且在高围压下其弹性模量和泊松比差别不大，破坏形态也属同一类别，故其抗剪强度参数较为接近。

(3) 30°页岩的黏聚力最低，仅为 12.70 MPa，其他层理方位页岩的黏聚力都达到 30 MPa 以上，这主要是其三轴压缩下仍沿层理面剪切滑移破坏所致。综合分析可知，层理倾角为 30°的页岩三轴压缩时破裂模式均为沿层理的剪切滑移破裂，这表明页岩层理面为弱胶结结构，在剪切应力作用下极易开裂。

4.4.5 三轴压缩下页岩断裂行为的各向异性特征

随围压的增加，不同层理方位页岩的压缩强度各向异性特征逐渐减弱，这与页岩的断裂行为随围压的增加不断变化有密切关系，因此，深入分析三轴压缩下不同层理方位页岩在不同围压下的变形特征与破裂模式，对认识页岩压缩强度各向异性特征的变化原因有重要意义。

图 4-22～图 4-25 展示了单轴及三轴压缩下不同层理方位页岩的典型破裂样式。

三轴压缩时，随着围压的增加，当轴向应力达到峰值强度后，页岩破坏所需要的破裂能逐渐增加，而可释放的弹性能逐渐不足以使页岩进一步破坏，动力破坏现象逐渐减弱，破裂模式主要为剪切破裂，且随着围压的升高，破裂面

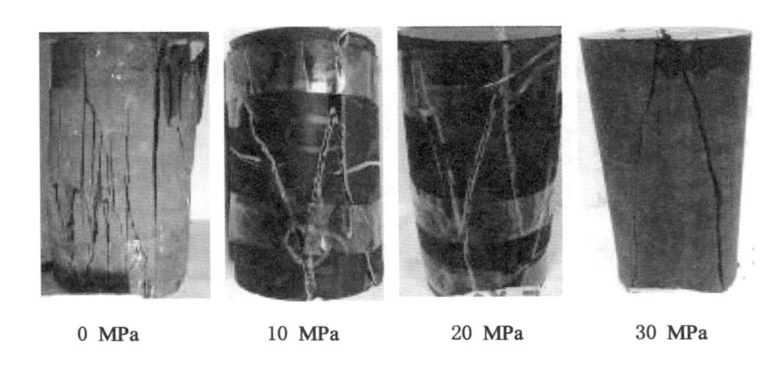

图 4-22　三轴压缩下层理角度 0°页岩在不同围压下的破裂样式图

图 4-23　三轴压缩下层理角度 30°页岩在不同围压下的破裂样式图

图 4-24　三轴压缩下层理角度 60°页岩在不同围压下的破裂样式图

图 4-25　三轴压缩下层理角度 90°页岩在不同围压下的破裂样式图

的数量逐渐减少,脆性破裂特征逐渐减弱,韧性破裂特征逐渐明显。其破裂模式主要分为:

(1) 单剪切面破坏。破坏的试样均有一宏观主剪切面,且该剪切面基本都贯穿试样两端面,但随层理方位的变化,剪切面的平整度也有所变化。不同围压下,层理角度 30°试样剪切破裂面均为层理面,较平整;60°试样剪切破裂面有明显的弯曲,且有与主剪切面不相交的层理开裂现象;90°试样剪切破裂面有一定程度的弯曲,但部分开裂的层理面与主剪切面相交,且该层理角度页岩主剪切破裂面的倾角随围压的增大逐渐减小,这也是页岩破裂特征由脆性向韧性转化的一个明显特点。

(2) 共轭剪切破坏。试样破坏后,有两个以上的多剪切破裂面,且大致形成两组相互平行的剪切面,且该两组相互平行的破裂面的交叉贯穿将试样分为较多的块体,从而形成共轭剪切破裂面。层理角度为 0°试样在围压 10～30 MPa 时均为此种破裂模式。

对比不同层理方位页岩的强度特征和破裂模式可知:层理角度 30°左右时,页岩发生沿层理的剪切滑移破坏,强度较低,这表明页岩的层理面为地层中的薄弱面,是页岩力学特性、强度特征和破裂模式呈现出明显各向异性的根源。沿层理面的剪切滑移破坏是页岩地层水平井井壁易失稳的主要原因之一。在水力压裂过程中,层理面过弱时,压裂液易沿层理进入储层,而首先压开地层中的层理面,抑制复杂裂缝网络的形成,达不到良好的压裂效果。除层理角度 30°试样外,页岩在三轴压缩条件下,其破坏形态主要为贯穿层理面的剪切破坏,且有部分层理开裂而形成的非主破裂面,从而形成了相对较复杂的裂缝扩展形态。

总之,低围压下,层理间的孔隙、微裂隙等使页岩破裂模式相对较复杂,易形成复杂的裂缝网络;高围压下,层理间的孔隙、微裂隙等被束缚,页岩的破裂模式较单一,难以形成复杂的裂缝网络。当加载方向沿页岩层理方向时,破裂后的页岩易形成复杂的裂缝网络;加载方向与层理约成 30°角时,破裂面较为单一;加载方向与层理约成 60°角或垂直层理加载时,易产生贯穿层理和沿层理的复杂破裂形态,也形成了相对较复杂的裂缝网络。因此,对高埋深的页岩气储层,水力压裂设计时必须同时考虑地应力和页岩层理的相对方位,从而使压裂过程中水力裂缝与地应力、层理、天然裂缝间出现竞争起裂与竞争扩展行为,以使压裂后能形成沿层理的水力裂缝与诱导裂缝相互交错的裂缝网络,从而增大页岩气储层的压裂改造体积,提高页岩气井的产量。

4.4.6　三轴压缩下页岩断裂机制的各向异性

通过对不同层理方位页岩在不同围压下的破裂面与层理面方位及加载方向的关系(图 4-22～图 4-25)进行分析,不难发现:三轴压缩时,页岩破裂机制可分为三种类型,也表现出了较明显的各向异性特征。层理角度 0°的页岩为基质体主控的共轭剪切破坏;30°页岩为层理面主控的沿层理的剪切滑移破坏;60°和 90°页岩为基质体主控的贯穿层理的剪切破坏。对比单轴压缩时的破裂机制可知,三轴压缩时,层理面强度对破坏机制的影响已显著减小,而层理面方位和围压效应对破坏机制的影响开始增大。

单轴及三轴压缩条件下不同层理方位页岩破裂机制的主控因素见表 4-16。

表 4-16　不同层理角度页岩破坏机制的主控因素

层理角度/(°)	单轴压缩		三轴压缩	
	破裂模式	主控因素	破裂模式	主控因素
0	沿层理面的张拉劈裂破坏	层理面	共轭剪切破坏	基质体
30	沿层理面的剪切滑移破坏	层理面	沿层理面的剪切滑移破坏	层理面
60	贯穿层理和沿层理的剪切破坏	基质体和层理面	贯穿层理面的剪切破坏	基质体
90	贯穿层理的张拉和沿层理的剪切滑移复合破坏	基质体和层理面	贯穿层理面的剪切破坏	基质体

总之,页岩单轴及三轴压缩时破裂机制表现出明显各向异性的根源主要有两个:① 黏土矿物、微裂隙等在沉积压实过程中的定向排列形成的层状沉

积结构；② 页岩沉积成岩过程中层理间压密程度相对较低，垂直层理加载时变形较大，而平行层理方向压实程度相对较高，沿层理加载时变形相对较小。

4.5 单轴压缩下页岩裂纹起裂特征的各向异性

根据不同应力水平下岩石内部微裂纹活动状态的差异，可将岩石的峰前应力-应变曲线划分为四个阶段，如图 4-26 所示。阶段Ⅰ为原生裂纹压缩闭合阶段，阶段Ⅱ为线弹性阶段，阶段Ⅲ为裂纹稳定扩展阶段，阶段Ⅳ为裂纹非稳定扩展阶段，每阶段的结束点分别对应裂纹闭合应力 σ_{cc}、裂纹起裂应力 σ_{ci}、

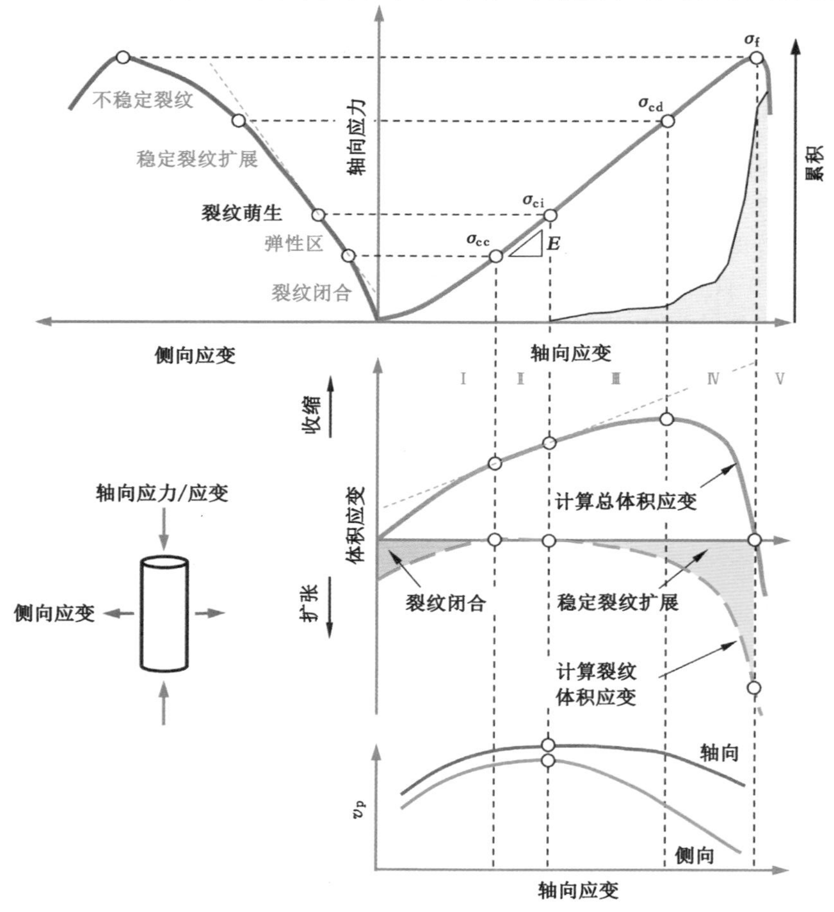

图 4-26 压缩载荷下完整岩石试样渐进破裂的各个阶段[147]

裂纹扩容应力 σ_{cd} 和峰值应力 σ_f。岩石的裂纹起裂应力 σ_{ci} 和裂纹损伤应力 σ_{cd} 作为表征岩石强度和断裂行为的两个重要特征值，是岩石受力破坏过程中不同阶段的分界点，对分析页岩力学性质和断裂行为的各向异性特征非常重要。当荷载低于岩石的裂纹起裂应力 σ_{ci} 时，整个岩石内部矿物颗粒、孔隙、微裂隙和微缺陷等处于稳定的压密、弹性变形阶段；当外力超过裂纹起裂应力 σ_{ci} 时，岩石内部的微缺陷（孔隙、微裂隙、微裂缝等）开始萌生、扩展；当外力继续增加，超过岩石的裂纹损伤应力 σ_{cd} 时，前一阶段萌生、扩展的微裂纹迅速汇合、连通，发生非稳定扩展，最终到达岩石的峰值强度。

4.5.1　单轴压缩下裂纹起裂与损伤应力的各向异性

压缩荷载下，页岩的破坏过程也是一个微裂纹逐渐发展的渐进破裂过程。图 4-27 给出了垂直层理方位页岩单轴压缩时轴向应力和体积应变与轴向应变的关系。

由图 4-27 可以看出，轴向位移控制模式下，页岩的应力-应变曲线是典型的Ⅰ型应力-应变曲线，峰前应力-应变关系近似呈线性关系，初始压密阶段非常不明显，而线弹性阶段较长，这些都是页岩硬脆性特征的典型表现。

单轴压缩试验时，通过应变计可直接测得页岩试样的轴向应变 ε_1 和环向应变 ε_2，进而可直接得出试样的总体积应变 ε_V，而试样的裂隙体积应变 ε_{Vc} 等于总体积应变 ε_V 减去试样的弹性体积应变 ε_{Ve}，试样的弹性体积应变可通过广义 Hooke 定律计算得到。页岩试样的轴向应变 ε_1-裂隙体积应变 ε_{Vc} 曲线的反弯点即为页岩的裂纹起裂点，对应的轴向应力即为裂纹起裂应力 σ_{ci}，此时页岩内部开始萌生出现微裂纹；而轴向应变 ε_1-体积应变 ε_V 曲线的反弯点即为页岩的扩容点，对应的轴向应力即为裂纹扩容应力 σ_{cd}，当轴向应力达到页岩扩容点应力时，页岩内部微破裂形成，体积开始由压缩状态转变为膨胀状态。页岩试样的体积应变 ε_V、弹性体积应变 ε_{Ve}、裂隙体积应变 ε_{Vc} 可通过以下表达式进行计算：

$$\varepsilon_V = \varepsilon_1 + 2\varepsilon_2 \tag{4-10}$$

$$\varepsilon_{Ve} = \frac{1-2\mu}{E}\sigma_1 \tag{4-11}$$

$$\varepsilon_{Vc} = \varepsilon_V - \varepsilon_{Ve} \tag{4-12}$$

式中，ε_1 为试样的轴向应变；ε_2 为试样的环向应变；ε_V 为试样总的体积应变；ε_{Ve} 为试样的弹性体积应变；ε_{Vc} 为试样的裂隙体积应变；σ_1 为试样的轴向应力，MPa；E 和 m 为试样的弹性模量和泊松比，GPa。

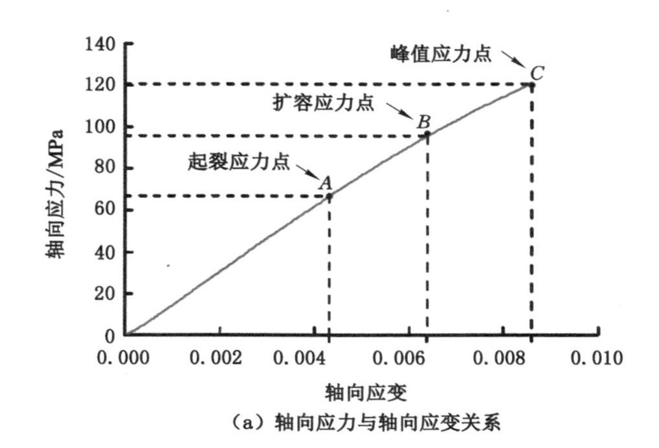

(a) 轴向应力与轴向应变关系

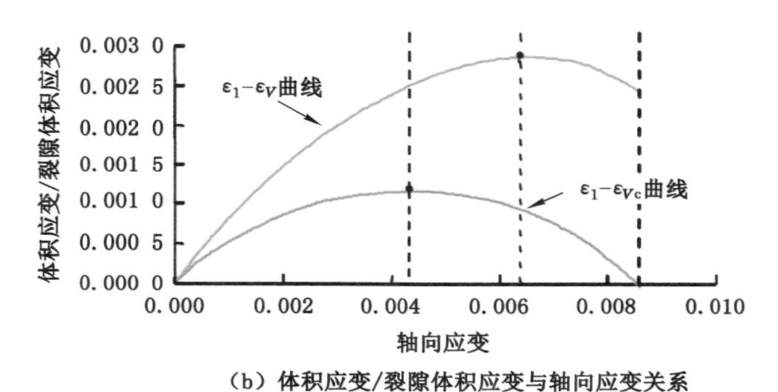

(b) 体积应变/裂隙体积应变与轴向应变关系

图 4-27 垂直层理方位页岩轴向应力和体积应变与轴向应变的关系[148]

表 4-17 为单轴压缩下不同层理方位页岩各特征点的应力与应变值。图 4-28 所示为各特征点应力和应变随层理面角度的变化。

表 4-17 单轴压缩下不同层理方位页岩各特征应力值及其与之对应的应变值

试样编号	层理角度/(°)	σ_{ci} /MPa	ε_{ci}	σ_{cd} /MPa	ε_{cd}	σ_f /MPa	ε_f	σ_{ci}/σ_f	σ_{ci}/σ_{cd}	σ_{cd}/σ_f
Y0-1	0	64.37	0.002 44	112.59	0.004 57	124.26	0.005 25	0.518	0.572	0.906
Y0-2	0	60.67	0.002 29	107.35	0.004 26	118.48	0.004 78	0.512	0.565	0.906
Y0-3	0	50.89	0.001 83	105.69	0.004 18	112.01	0.004 50	0.454	0.482	0.944
Y3-7	30	17.81	0.000 69	21.95	0.000 87	22.98	0.000 92	0.775	0.811	0.955
Y3-8	30	42.74	0.002 20	57.09	0.003 12	60.68	0.003 61	0.704	0.749	0.941
Y3-9	30	26.06	0.001 23	44.13	0.002 14	46.71	0.002 29	0.558	0.591	0.945

表 4-17(续)

试样编号	层理角度/(°)	σ_{ci}/MPa	ε_{ci}	σ_{cd}/MPa	ε_{cd}	σ_f/MPa	ε_f	σ_{ci}/σ_f	σ_{ci}/σ_{cd}	σ_{cd}/σ_f
Y6-2	60	56.92	0.003 22	88.43	0.005 30	96.81	0.006 03	0.588	0.644	0.913
Y6-3	60	56.08	0.003 16	92.95	0.005 55	108.76	0.006 81	0.516	0.603	0.855
Y6-5	60	49.67	0.002 90	95.38	0.005 95	112.19	0.007 28	0.443	0.521	0.850
Y9-1	90	68.11	0.004 33	98.84	0.006 62	121.64	0.008 94	0.560	0.689	0.813
Y9-3	90	64.71	0.004 15	93.78	0.006 28	112.81	0.007 94	0.574	0.690	0.831
Y9-4	90	66.83	0.004 33	95.66	0.006 39	120.83	0.008 60	0.553	0.699	0.792

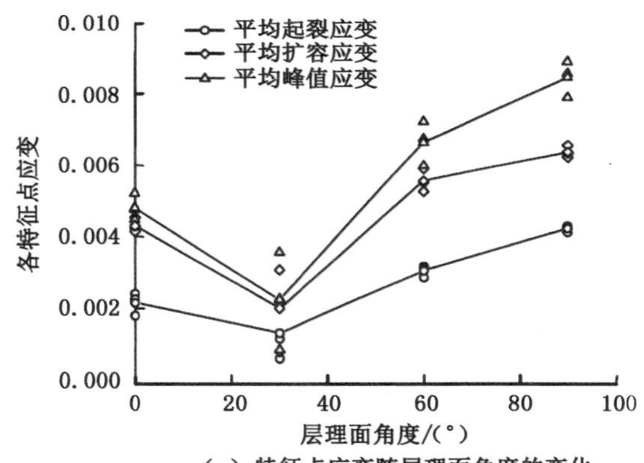

(a) 特征点应变随层理面角度的变化

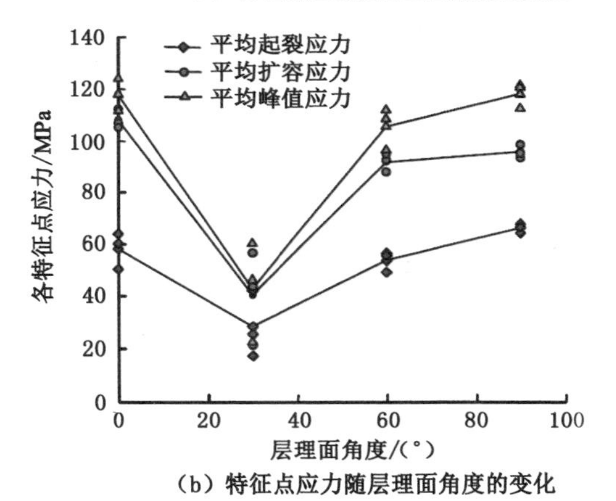

(b) 特征点应力随层理面角度的变化

图 4-28　各特征点应力和应变随层理面角度的变化

由图 4-28 可以看出,单轴压缩下不同层理方位页岩各特征点应力与应变值均表现出一定程度的离散性,但裂纹起裂应力 σ_{ci}、裂纹扩容应力 σ_{cd} 和峰值应力 σ_f 及其对应应变的平均值均随层理角度的增加呈现出先减小、后增大的 U 形变化规律。对沿层理或垂直层理加载的页岩,裂纹的起裂应力、扩容应力和峰值强度均达到最大值,且随层理角度的增加,各特征点应力值均逐渐减小,层理角度 30°时各特征点应力值均达到最小。页岩的裂纹起裂应变、扩容应变和峰值应变也均随层理角度的增加先减小、后增大,层理角度 30°时各特征应变达到最小值,唯一区别是各特征点应变在垂直层理时达到最大值。这均表明龙马溪页岩的应力-应变特征均表现出较强的各向异性。

假定单位角度内应力、应变和应变能的改变量(即变化率)为各参数各向异性敏感度,从图 4-28 和表 4-17 可以看出:层理角度在 0°～30°和 30°～60°时各向异性的敏感性大于层理角度在 60°～90°时的值;层理角度在 0°～30°和 30°～60° 时峰值应力、峰值应变各向异性敏感性大于扩容应力、应变,扩容应力、应变各向异性的敏感性大于起裂应力、应变;而层理角度在 60°～90°时,峰值应力、应变各向异性敏感性最大,起裂应力、应变次之,扩容应力、应变最小。由图 4-29 可知,不同层理方位页岩的裂纹起裂应力和扩容应力均与峰值应力呈正相关关系。图 4-30 所示为不同层理方位页岩各特征应力比值。

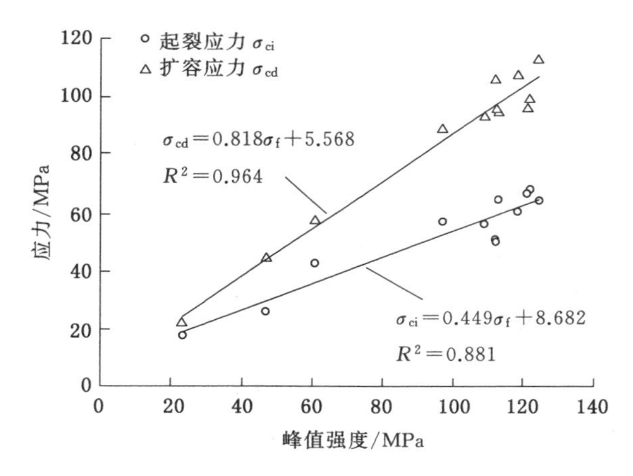

图 4-29　裂纹起裂应力、扩容应力与峰值强度的关系

由图 4-30 和表 4-17 可知,不同层理方位页岩各特征点应力比值(σ_{ci}/σ_f、σ_{ci}/σ_{cd} 和 σ_{cd}/σ_f)分别为 50%～60%、50%～70%和 80%～90%,它们随层理角度增加呈现出的变化规律各不相同,σ_{ci}/σ_f 和 σ_{ci}/σ_{cd} 随层理角度的增加呈现

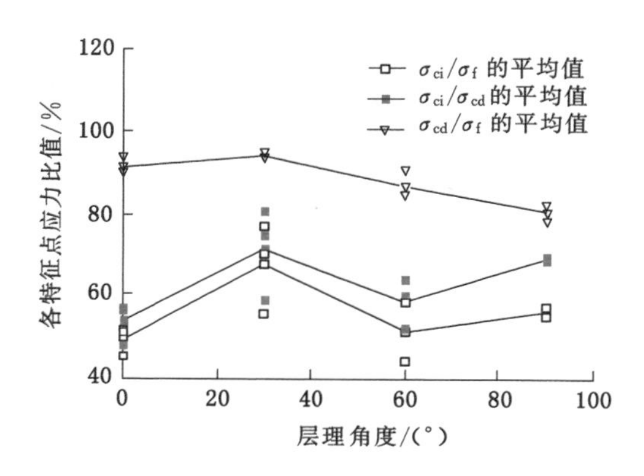

图 4-30　不同层理方位页岩各特征应力比值

出先增大、后减小、再增大的变化规律，在层理角度 30°时比值达到最大值，在层理角度 60°时减少到较低值，随后比值又随层理角度增加而增大。σ_{cd}/σ_f 随层理角度的增加呈现出先增大、后减小的倒 V 形变化规律，在层理角度 30°时比值达到最大值（σ_{ci}/σ_f、σ_{ci}/σ_{cd} 和 σ_{cd}/σ_f 分别为 0.679、0.717 和0.947）。各特征点比值各向异性间接地反映了页岩的损伤、断裂行为的各向异性，层理角度 30°时页岩脆性损伤破坏特征明显，轴向塑性压缩变形变小。

4.5.2　单轴压缩下裂纹起裂与损伤能量的各向异性

载荷作用下岩石的变形破坏过程是一个伴随着能量输入、积聚、耗散和释放的过程，研究页岩变形破坏过程中输入应变能、弹性能和耗散能随层理角度增加的变化规律，对于认识层理对页岩变形破坏过程中能量演化的影响具有重要意义，这样可以从能量角度更好地描述岩石的力学特性和破坏特征。

假设岩石单元的变形破坏过程是在一个没有热交换的封闭系统中，由热力学第一定律和能量计算公式可得[149]：

$$U = U^{e} + U^{d} \tag{4-13}$$

$$U = \int_0^{\varepsilon_1} \sigma_1 \mathrm{d}\varepsilon_1 + \int_0^{\varepsilon_2} \sigma_2 \mathrm{d}\varepsilon_2 + \int_0^{\varepsilon_3} \sigma_3 \mathrm{d}\varepsilon_3 \tag{4-14}$$

$$U^{e} = \frac{1}{2}\sigma_i \varepsilon_i^{e} \tag{4-15}$$

式中，σ_i 和 ε_i 为试样的应力和应变，$i=1,2,3$；U 为试样的单位应变能，其值为图 4-31 中应力-应变曲线下围成的面积；U^e 为单位弹性应变能，其值为图 4-31 中阴影部分的三角形面积；U^d 为单位耗散能，其值为图 4-31 中曲边梯形的面积。

对单轴压缩试验，$\sigma_2=\sigma_3=0$，则式(4-14)可简化为：

$$U=\int_0^{\varepsilon_1}\sigma_1\,\mathrm{d}\varepsilon_1 \tag{4-16}$$

由于没有进行卸载试验，用弹性模量 E_0 近似代替图 4-31 中卸载弹性模量 E_u，则式(4-15)可改写成为：

$$U^e=\frac{1}{2E_u}\sigma_1^2\approx\frac{1}{2E_0}\sigma_1^2 \tag{4-17}$$

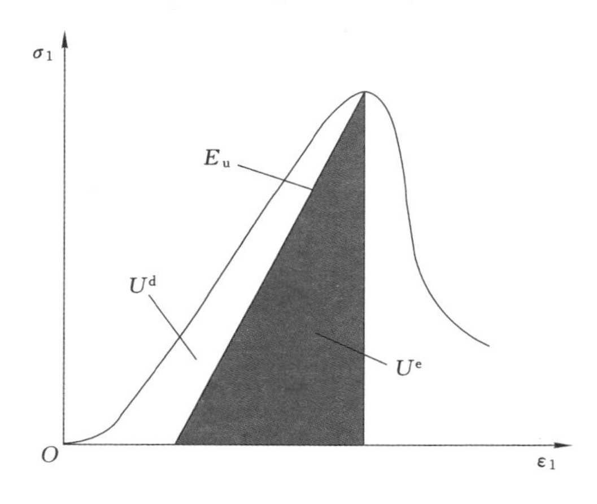

图 4-31　应力-应变曲线中耗散应变能与弹性应变能[149]

通过不同层理角度页岩的波速测试试验和单轴及三轴压缩试验可知，层理对页岩的纵波波速、抗压强度、弹性模量和泊松比等都有较大的影响，表现出明显的各向异性特征。页岩气藏储层中，岩层常处于复杂的应力状态，而由于岩石类材料的抗拉强度远低于抗压强度，多数情况下井壁失稳、裂缝起裂与扩展都是从围岩的拉应力开始的，因此，抗拉强度特征对分析页岩气藏水平井井壁稳定性和水力裂缝扩展规律等具有重要意义。为进一步分析不同层理角度下页岩抗拉强度的各向异性特征，通过巴西劈裂法对不同层理角度页岩进行了间接拉伸试验，分析了其抗拉强度的各向异性特征。

为了验证 E_0 近似代替 E_u 的合理性，对平行层理的页岩进行单轴压缩下的循环加卸载试验，由图 4-32 可以看出：加载曲线和卸载曲线的切线近似平行，定量计算可得 E_0 和 E_u 都非常接近 25.36 GPa，故此次计算时均用 E_0 近似代替 E_u 计算单轴压缩下各应变能量值。

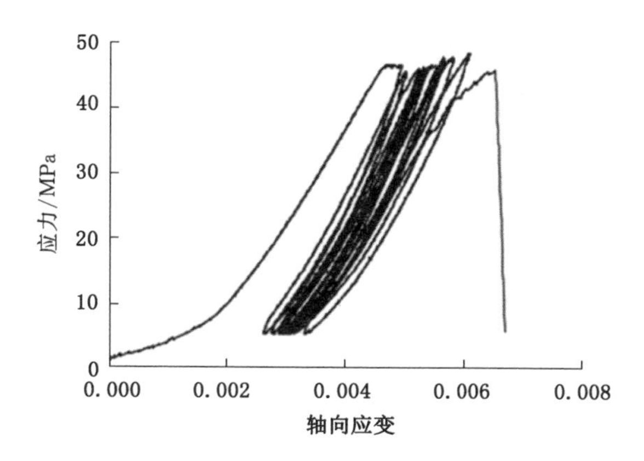

图 4-32　页岩单轴循环加载和卸载应力-应变全程曲线

表 4-18 为单轴压缩下不同层理方位页岩渐进破裂过程中各特征点的单位应变能 U、可释放的弹性应变能 U^e 和耗散能 U^d。图 4-33 为各特征点应变能平均值及其应变能比值随层理方位的变化规律。

表 4-18　页岩变形破坏过程中各特征点所对应的应变能

试样编号	层理角度/(°)	起裂点应变能/(J/m³)			扩容点应变能/(J/m³)			峰值点应变能/(J/m³)		
		U	U^e	U^d	U	U^e	U^d	U	U^e	U^d
Y0-1	0	0.085 0	0.084 2	0.000 8	0.297 1	0.257 5	0.039 6	0.391 4	0.313 7	0.077 7
Y0-2	0	0.073 9	0.073 0	0.000 9	0.252 3	0.228 5	0.023 8	0.327 5	0.278 2	0.049 3
Y0-3	0	0.052 4	0.051 6	0.000 8	0.260 8	0.222 6	0.038 2	0.301 8	0.250 0	0.051 8
Y3-7	30	0.006 6	0.006 4	0.000 2	0.010 4	0.009 7	0.000 7	0.011 6	0.010 6	0.001 0
Y3-8	30	0.051 0	0.050 8	0.000 2	0.099 1	0.090 7	0.008 4	0.130 5	0.102 5	0.028 0
Y3-9	30	0.016 8	0.016 5	0.000 3	0.050 1	0.047 4	0.002 7	0.057 4	0.053 1	0.004 3
Y6-2	60	0.100 1	0.098 6	0.001 5	0.270 6	0.237 8	0.032 7	0.349 7	0.285 1	0.064 6
Y6-3	60	0.095 6	0.094 3	0.001 3	0.293 1	0.259 1	0.034 0	0.440 2	0.354 7	0.085 5
Y6-5	60	0.087 2	0.085 9	0.001 3	0.322 9	0.283 6	0.039 3	0.482 8	0.392 3	0.090 5
Y9-1	90	0.169 9	0.164 9	0.005 0	0.381 5	0.327 1	0.054 4	0.672 2	0.519 7	0.152 5
Y9-3	90	0.160 6	0.152 3	0.008 3	0.368 7	0.319 8	0.048 9	0.524 5	0.402 8	0.121 7
Y9-4	90	0.162 0	0.155 6	0.006 4	0.340 3	0.308 8	0.031 5	0.596 1	0.508 6	0.087 5

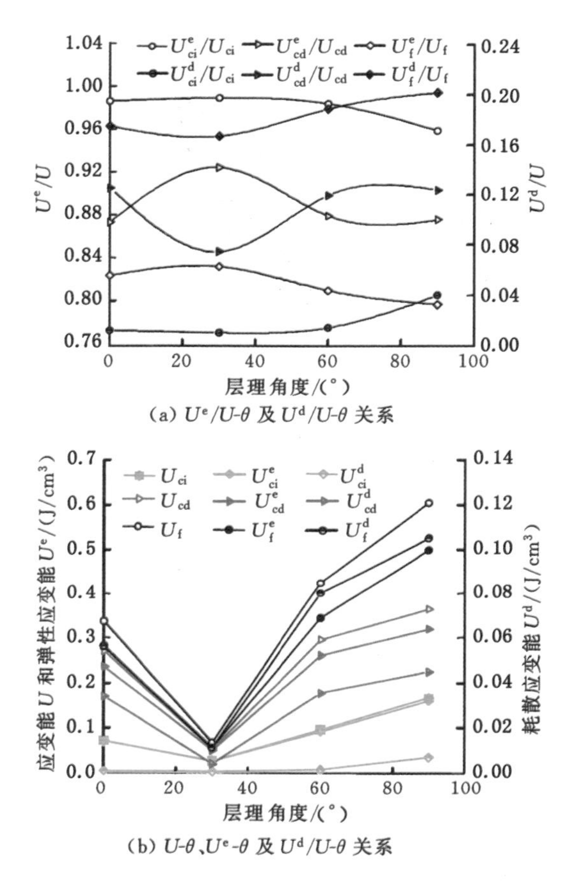

图 4-33　单轴压缩下页岩各特征点处应变能随层理角度变化图

由图 4-33 和表 4-18 可知，页岩试样加载过程中各特征点的 U、U^e 和 U^d 均随层理角度的增加先减小、后增大；各特征点 U^e/U 比值随层理角度的增大呈现出先增大、后减小的变化规律，而 U^d/U 比值则随层理角度的增大先减小、后增大。根据不同层理方位页岩应力-应变过程中的能量关系，将层理夹角分为三段：0°～30°、30°～60°和 60°～90°。由图 4-33 可以看出，在层理角度 0°～30°范围内，各特征点 U、U^e 和 U^d 均随层理角度的增加而减小，各特征点 U^e/U 比值逐渐增大，而 U^d/U 比值则不断降低；在层理角度 30°～60°和 60°～90°范围内，各特征点 U、U^e 和 U^d 均随层理角度的增加而增加，各特征点 U^e/U 比值逐渐减少，而 U^d/U 比值则急剧增大。

在 0°～30°、30°～60°和 60°～90°三个层理角度范围内，峰值点 U_f、U_f^e 和

U_f^d的各向异性的敏感性大于扩容点U_{cd}、U_{cd}^e和U_{cd}^d的敏感性，扩容点U_{cd}、U_{cd}^e和U_{cd}^d的各向异性的敏感性大于起裂点U_{ci}、U_{ci}^e和U_{ci}^d；30°～60°范围内各特征点U、U^e和U^d的各向异性敏感性最大，0°～30°范围内次之，60°～90°范围内最小。

这与各特征点应力-应变特征随层理角度的变化规律一致，由此推测岩石的强度大小与岩石的能量积聚和耗散的应变能相关。岩石变形破坏本质上是能量积聚耗散下的一种失稳现象，单轴压缩状态下的岩石在峰值强度之前，应变能和弹性能不断增加，临近破坏时，增速变缓；而耗散能的增速由破坏前缓慢增加到即将破坏时大幅增加，这是其内部微细裂纹起裂扩展和破裂面相对摩擦和错动的结果，从而致使岩石的内聚力降低、损伤应变能增加，峰值强度之后，弹性应变能也迅速释放，导致岩石破裂面扩大直至岩石失稳破坏。

4.6　本章小结

本章通过对不同层理方位页岩的波速测试试验、单轴及三轴压缩试验研究了页岩纵波波速、抗压强度、弹性模量和泊松比等力学参数的各向异性特征，分析了其断裂行为的各向异性，揭示了其破坏机制的各向异性特征，并进一步通过单轴压缩下裂纹的起裂应力与损伤应力及其对应能量特征的各向异性等，详细分析了层理在页岩力学性质、强度特征和断裂行为中的控制作用。得出的主要结论有：

(1) 不同层理角度页岩纵波波速具有明显的各向异性特征：页岩纵波波速随层理角度的增加不断减小，平行层理方向页岩纵波波速最大，为 3 695 m/s，垂直层理方向页岩纵波波速最小，为 3 136 m/s，这可能是因为层理结构面的存在降低了页岩的完整性，从而引起纵波在穿过层理面时的能量耗散和能量弥散，而该能量耗散随层理角度的增大而不断增加，进而引起了纵波波速的不断下降。

(2) 龙马溪组页岩地层的抗压强度、弹性模量和泊松比等均表现出了明显的各向异性特征。平行层理方向弹性模量最大，垂直层理方向最小；随着围压的增加，同一角度页岩弹性模量的增加速率逐渐减小。0°、30°和 60°、90°页岩的泊松比随围压的增加呈现出了相反的变化规律，这可能是由层理间孔隙和微裂缝的良好发育引起的。不同围压下，0°页岩的强度最高，90°次之，30°最低，总体上呈现出两边高、中间低的 U 形变化规律。不同角度的 Hoek-Brown 强度准则参数也大致呈现了 U 形变化规律，能较好地反映页岩强度的各向异性特征。页岩破裂模式的各向异性与层理倾角和围压的大小密切相关。破裂模式的各向异性是由破裂机制的各向异性引起的，而强度的各向异性是由破裂机制的各向异性控制的。单轴压缩时，0°页岩为沿层理的张拉劈裂破坏，30°为沿层理的剪切滑移破坏，60°为贯穿层理和沿层理的剪切破坏，90°为贯穿层理的张拉劈裂破坏。三轴压缩时，0°页岩为贯穿层理的共轭剪切破坏，30°为沿层理的剪切滑移破坏，60°和 90°为贯穿层理的剪切破坏。

(3) 单轴压缩下，不同层理方位页岩渐进破坏过程中裂纹起裂点、扩容点和峰值特征点应力、应变均随层理角度的增大呈现出先减小、后增大的 U 形变化规律，层理角度 30°时上述值均达到相对低值；不同层理角度页岩的裂纹起裂应力、扩容应力均与峰值应力呈线性相关。

(4) 单轴压缩下，不同层理方位页岩裂纹起裂点、扩容点和峰值特征点的 U、U^e 和 U^d 均随层理角度的增加呈现出先减小、后增大的变化规律，U^d/U 比值亦随层理角度的增大先减小、后增大，而 U^e/U 比值则随层理角度的增大呈现出先增大、后减小的变化规律，均在层理角度 30°时取得最大或最小值。层理角度在 0°～30°和 30°～60°范围时裂纹起裂点、扩容点和峰值点各特征点应力、应变和应变能各向异性的敏感性均大于层理角度在 60°～90°范围时的值。

(5) 低围压下，层理间的孔隙、微裂隙等使页岩破裂模式相对较复杂，易形成复杂的裂缝网络；高围压下，层理间的孔隙、微裂隙等被束缚，页岩的破裂模式较单一，难以形成复杂的裂缝网络。当加载方向沿页岩层理方向时，破裂后的页岩易形成复杂的裂缝网络；加载方向与层理约成 30°角时，破裂面较为单一；加载方向与层理约成 60°角或垂直层理加载时，易产生贯穿层理和沿层理的复杂破裂形态，也形成了相对较复杂的裂缝网络。因此，对高埋深的页岩气储层，水力压裂设计时必须同时考虑地应力和页岩层理的相对方位，从而使压裂过程中水力裂缝与地应力、层理、天然裂缝间出现竞争起裂与竞争扩展行为，以使压裂后能形成沿层理的水力裂缝与诱导裂缝相互交错的裂缝网络，从而增大页岩气储层的压裂改造体积，提高页岩气井的产量。

第 5 章　张拉作用下页岩断裂行为的各向异性特征

第 4 章详细介绍了压缩荷载下页岩力学性质、强度特征和断裂行为的各向异性特征，研究发现层理对页岩的纵波波速、抗压强度、弹性模量和泊松比等都有较大的影响，表现出明显的各向异性特征，这对我们深入认识层理对页岩复杂裂缝扩展形态和断裂行为的控制作用异常重要。一般情况下，即使岩石处于单轴压缩状态，其内部任意一点的受力状态也是处于三向应力状态，且不同点的受力状态差异巨大，受力状态的复杂性和非均质性为我们准确认识层理对页岩裂缝的扩展模式、断裂行为和破裂机制等的控制作用带来极大的麻烦。而岩石的断裂过程一般是纯拉伸裂缝、纯剪切裂缝或张-剪复合裂缝的此消彼长、复杂交替的扩展过程。因此，准确分析层理在张拉、剪切和张-剪复合裂缝扩展过程中的控制作用，对深入认识页岩水力压裂复杂网状裂缝的形成机理及调控方法极为重要。

针对层理对页岩张拉裂缝扩展行为的控制作用和影响机制，本章主要通过不同层理方位页岩的巴西劈裂和三点弯曲试验分析了页岩抗拉强度和Ⅰ型断裂韧性的各向异性特征，并系统研究了张拉作用下不同层理方位页岩裂缝的起裂与扩展演化形态，探讨了裂缝扩展过程中断裂机制的演化规律及其层理方向效应，为进一步分析剪切及张-剪条件下，甚至水力压裂条件下裂缝的扩展演化机制等提供了理论基础。

5.1　巴西劈裂下页岩断裂行为的各向异性特征

页岩气储层中，岩层常处于复杂的应力状态中，而由于岩石类材料的抗拉强度远低于抗压强度，多数情况下井壁失稳、裂缝起裂与扩展都是从围岩的拉应力处开始的，因此，页岩抗拉强度及断裂行为的各向异性特征对分析页岩气储层水平井井壁稳定性和水力裂缝的起裂与扩展规律等具有重要意义。为进一步分析不同层理方位下页岩抗拉强度和断裂行为的各向异性特征，本节通过巴西劈裂法对不同层理方位页岩进行了间接拉伸试验，分析了其抗拉强度、断裂行为和断裂机制的各向异性特征。

5.1.1 不同层理方位页岩巴西圆盘试样的加工制备

对层理发育的层状页岩，一般将其视为横观各向同性材料[39,47,102]。而对呈现横观各向同性的层状页岩，其强度、变形、破裂机制及裂缝扩展形态等与层理的方位密切相关，因此，页岩裂缝的扩展形态除与受力条件有关外，还与荷载方向、层理方位及裂缝扩展方向等直接相关。因此，为研究层理方位对页岩抗拉强度、断裂行为及断裂机制的控制作用，在开展不同层理方位页岩的巴西劈裂试验时，应密切关注加载方向、裂缝扩展方向与层理间的相对关系。

巴西劈裂试验采用直径为 50 mm、厚度或高度为 25 mm 的圆盘形试样。加工时，首先将采集到的大块页岩试样沿轴向平行层理和垂直层理方向钻取直径为 50 mm 的圆柱体长条试样；然后在其基础上，用高速切割机切割出厚度为 25 mm 的圆盘状试样，即尺寸为 50 mm×25 mm，并在打磨机上对圆盘试样端面进行研磨，保证上、下端面平行度在±0.05 mm 以内，表面平整度控制在±0.03 mm 以内，且试样加工时严格保证层理方位和钻取方向定位的准确性，以保证测试结果的准确性和可对比性。对平行层理方向加工的巴西圆盘试样，取加载方向与层理的夹角依次为 0°、30°、60°和 90°，其示意图如图 5-1 所示。对垂直层理方位的巴西圆盘试样，圆盘端面平行于层理，直接切割、打磨成标准试样即可。试验时，保证每组试验至少成功 3 个试样，并求取平均值。制备好的试样仍迅速用聚氯乙烯薄膜密封，以避免试样在保存和运输的过程中由于碰撞、风化和干湿循环作用等诱发的层理开裂和试样损伤。加工好的典型的页岩试样如图 5-2 所示。

5.1.2 试验方法

巴西劈裂试验是在中国科学院武汉岩土力学研究所的 MTS 815.04 岩石力学综合测试系统上进行，试验过程采用轴向位移控制方式，加载速率为 0.005 mm/s。巴西劈裂试验时，首先将制备好的巴西圆盘直立放入带圆弧形加载鄂的巴西劈裂专用试验台上，放置试样时应严格控制层理与加载鄂间的相对方位；然后在位移控制模式下，以 0.005 mm/s 的恒定速率径向(垂直)施加压缩荷载直至试样发生水平劈裂破坏；当裂缝完全贯通圆盘时，停止试验。试验后，峰值荷载从连续记录的轴向力-时间曲线的峰值点获取。为减小试验测试结果的离散性，对于每个层理方位，试验至少需成功 3 块，并通过试验结

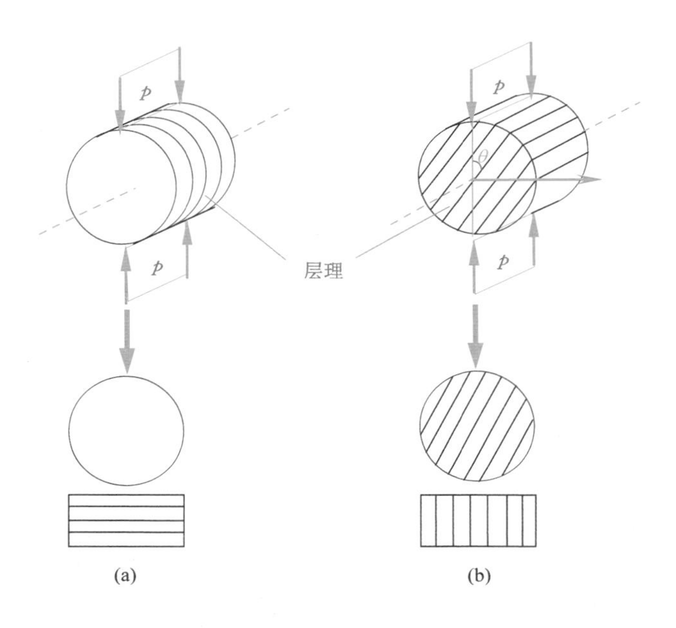

图 5-1　不同层理方位页岩巴西圆盘试样加工方案示意图
（图中虚线表示层理）

图 5-2　加工好的典型页岩巴西圆盘试样照片

果的平均值获得拉伸强度。此外，试验时选取不含宏观结构面（肉眼可见或浸水后可见）的相对较完整的页岩试样，并测试页岩试样常温常压下的纵波波速，剔除纵波波速异常的试样。

巴西劈裂试验过程中，对横观各向同性方位[层理平行圆盘端面，如

图 5-1(a)所示]和垂直横观各向同性方位[层理垂直圆盘端面,如图 5-1(b)所示]的圆盘试样进行间接拉伸试验。页岩在间接拉伸条件下对裂缝的起裂和扩展演化特征进行了试验。横观各向同性方位试样的层理平行于圆盘面,圆盘面表现为各向同性,巴西劈裂试验后得到的为页岩基质体的抗拉强度,观测到的是页岩基质体的裂缝扩展演化规律,层理对该方位裂缝的影响较小。而垂直横观各向同性方位试样的圆盘面具有层理构造,定义层理角度 θ 为层理面与加载方向间的夹角,如图 5-1 和图 5-3 所示。为研究不同层理方位页岩抗拉强度和断裂行为的各向异性特征,本次试验时层理角度 θ 分别取 0°、30°、45°、60°和 90°。

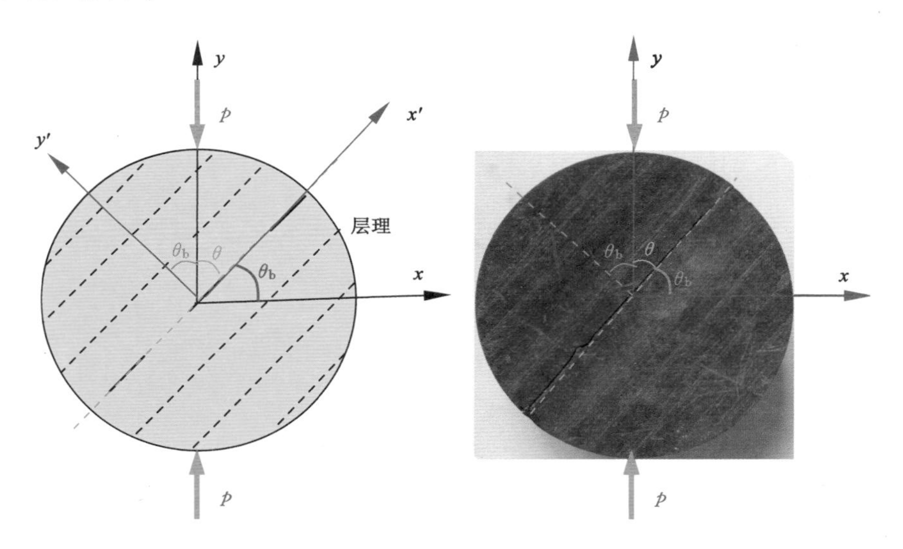

图 5-3 巴西劈裂试验中定义的 θ_b 和 θ 示意图

(θ_b 和 θ 均在 0°和 90°之间变化,且它们之间满足关系 $\theta_b+\theta=90°$)

5.1.3 页岩抗拉强度的各向异性

对均质、各向同性的岩石类材料,巴西圆盘劈裂试验中的抗拉强度为[150]:

$$\sigma_t=\frac{2p}{\pi DH} \tag{5-1}$$

式中,σ_t 为岩石的抗拉强度,MPa;p 为所施加的集中荷载的大小,kN;D 为圆盘的直径,mm;H 为圆盘的高度或厚度,mm。

式(5-1)所给出的巴西劈裂抗拉强度计算方法仅适用于破裂时裂纹自圆盘中心起裂且沿加载方向向两加载鄂扩展的张拉劈裂破坏。而对各向异性材料,圆盘巴西劈裂破坏时由于张-剪复合作用或剪切作用多产生沿层破裂或倾斜的不通过圆盘中心的裂缝,甚至裂缝自两加载鄂处因应力集中起裂。此外,对各向异性材料,圆盘的应力分布特征不同于各向同性材料,圆盘中心点处垂直加载方向的应力集中因子不再等于 2,而是标准材料各向异性的弹性常数和横观各向同性面倾角的函数。

目前,一般采用复变函数和积分变换法对径向荷载作用下横观各向同性巴西圆盘内的应力场进行理论分析,但其表达式相当复杂,不便于实际应用[151]。由于横观各向同性圆盘中心处垂直加载方向的应力集中因子 q_{xx} 的解析式非常复杂,计算抗拉强度比较困难,为更合理地估算各向异性岩石的抗拉强度指标和弹性常数,Claesson 等[152]在应用 Amadei 等[153]、Chen 等[151]、Exadaktylos 等[154]各向异性材料解析方法研究径向加载巴西圆盘内的应力分布特征时,给出了一个求解间接抗拉强度的近似解,其具体计算公式为[152]:

$$\sigma_{\mathrm{t}} = \frac{2p}{\pi HD}\left[\left(\sqrt[4]{\frac{E}{E'}}\right)^{\cos 2\theta_{\mathrm{b}}} - \frac{\cos 4\theta_{\mathrm{b}}}{4}(b-1)\right] \tag{5-2}$$

$$b = \frac{\sqrt{EE'}}{2}\left(\frac{1}{G'} - \frac{2\nu'}{E'}\right) \tag{5-3}$$

式中,E 为沿横观各向同性面方向的弹性模量,GPa;E'为垂直横观各向同性面方向的弹性模量,GPa;G'为垂直横观各向同性面内的剪切模量,GPa;ν'为垂直横观各向同性面方向的泊松比;θ_{b}为加载方向与层理面法线方向的夹角,其与层理夹角 θ 的关系如图 5-3 所示。

从式(5-2)和式(5-3)可以看出,各向异性材料巴西圆盘内的应力分布特征与各向同性材料相比存在本质区别,其抗拉强度的大小与材料弹性常数和横观各向同性面的方向密切相关,而各向同性材料巴西圆盘内的应力分布特征与材料弹性常数无关。从理论上讲,测定各向异性材料的间接抗拉强度应采用式(5-2),但由于确定表征各向异性材料的弹性参数过于复杂,且与式(5-1)相比,总体上计算得到的不同层理方位页岩的抗拉强度变化趋势并没有发生过大变化,而本书主要为了对比页岩抗拉强度随层理方位的变化规律,故为了方便,计算时仍采用式(5-1)来估计不同层理方位页岩的间接抗拉强度。

不同层理方位页岩的抗拉强度见表 5-1。

表 5-1　不同层理方位页岩的巴西劈裂试验数据

试样编号	层理角度/(°)	试样尺寸		峰值荷载/kN	抗拉强度/MPa	平均值/MPa
		直径/mm	高度/mm			
Y-2	横观各向同性	48.96	25.69	27.071	13.702	13.683
Y-3		49.12	25.49	27.51	13.988	
Y-4		48.98	25.66	26.373	13.359	
Y-0-1	0	49.12	25.69	7.135	3.599	4.296
Y-0-2		49.11	25.67	9.645	4.871	
Y-0-5		49.08	25.09	8.543	4.417	
Y-30-2	30	49.10	24.96	16.711	8.681	8.039
Y-30-3		49.17	24.86	14.776	7.696	
Y-30-4		49.19	25.98	15.538	7.741	
Y-45-2	45	49.12	25.76	17.554	8.832	9.276
Y-45-2		49.14	24.93	17.811	9.256	
Y-45-4		49.13	24.76	18.614	9.741	
Y-60-1	60	49.10	24.81	14.41	7.531	7.338
Y-60-2		49.10	26.06	14.564	7.246	
Y-60-3		49.13	25.99	14.513	7.236	
Y-90-1	90	49.00	24.93	19.251	10.033	9.942
Y-90-2		49.15	25.77	19.023	9.562	
Y-90-3		49.2	25.65	20.278	10.230	

由表 5-1 可知，对层理平行圆盘端面的页岩试样（横观各向同性试样），其抗拉强度最大，平均值为 13.683 MPa，而对层理垂直圆盘端面的试样，不同层理方位页岩的抗拉强度均明显小于层理平行圆盘端面的试样，这表明页岩基质体的抗拉强度为页岩气储层抗拉强度的最大值，基质体抵抗张拉破裂的能力最强。对层理垂直圆盘端面的试样，当加载方向与层理方向一致时，抗拉强度最小，平均值为 4.296 MPa，而当加载方向与层理垂直时，抗拉强度最大，平均值为 9.942 MPa，但该最大值仍明显小于页岩基质体的抗拉强度，这表明即使加载方向垂直于层理面，但层理面仍对页岩的抗拉强度有一定影响，在一定程度上弱化了页岩的抗拉强度。为更直观地反映页岩抗拉强度的层理方向效应，图 5-4 给出了页岩抗拉强度随层理角度的变化曲线。

由图 5-4 可知，对层理垂直圆盘端面的巴西劈裂试样，不同层理方位页岩

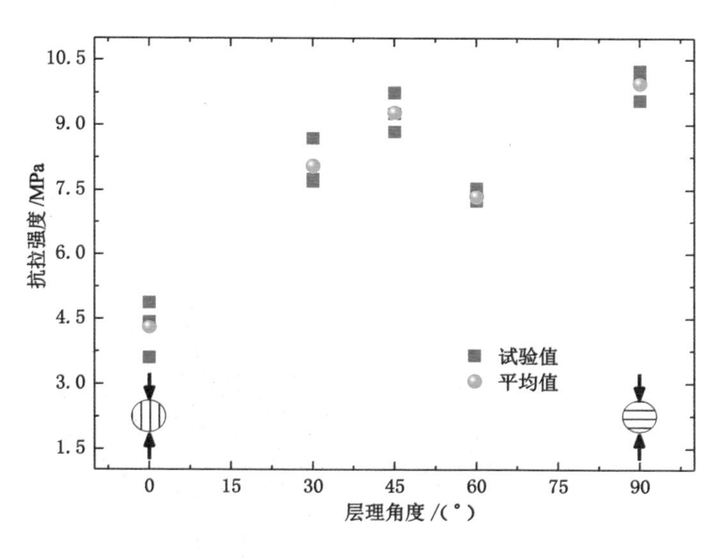

图 5-4　不同层理角度页岩抗拉强度的变化图

抗拉强度的离散性相对较小。当加载方向沿层理时，该方位页岩的抗拉强度最小，约为 4.296 MPa，明显小于其他层理方位页岩的抗拉强度，且其差值最小约为 3 MPa；而当加载方向垂直层理时，该方位页岩的抗拉强度最大，为 9.942 MPa，但其仅大于层理角度 45°页岩的抗拉强度约 0.6 MPa，且层理角度为 30°、45°、60°和 90°页岩的抗拉强度间的差值相对较小，最大约为 2.5 MPa，最小约为 0.6 MPa，均小于沿层理方向页岩与其他层理角度页岩间抗拉强度的差值 3 MPa，这表明沿层理方向页岩的抗拉强度最小，为页岩气储层的薄弱面，而当加载方向与层理有一定夹角时，页岩的抗拉强度将明显高于沿层理方向的抗拉强度，且其变化相对较小，即只要加载方向远离层理方向，页岩均有相对较强的抗拉强度。总体上，随层理角度的增加，页岩抗拉强度并没有表现出相对单调的变化规律，这可能与横观各向同性材料不同方向圆盘试样的应力分布特征较复杂，且劈裂破坏时并非沿圆盘中心起裂形成贯通加载直径的简单裂缝，而是形成相对较复杂的破裂模式，此时巴西劈裂试验将不能准确测试其间接抗拉强度。

为进一步准确获得页岩气储层层理和基质体等抗拉强度的各向异性特征，需深入分析不同层理方位页岩断裂行为和断裂机制的差异性，这对认识不同层理方位页岩抗拉强度的复杂变化规律及层理对张拉裂缝扩展行为的控制机制具有重要意义。

5.1.4 巴西劈裂条件下页岩断裂行为的各向异性

通过对不同层理方位页岩巴西劈裂破坏时的破裂面与层理面及加载方向间的相对关系进行分析，可以观察到不同层理方位页岩的断裂行为有较大差异。

不同层理方位页岩巴西劈裂破坏时的破裂形态如图 5-5 所示。

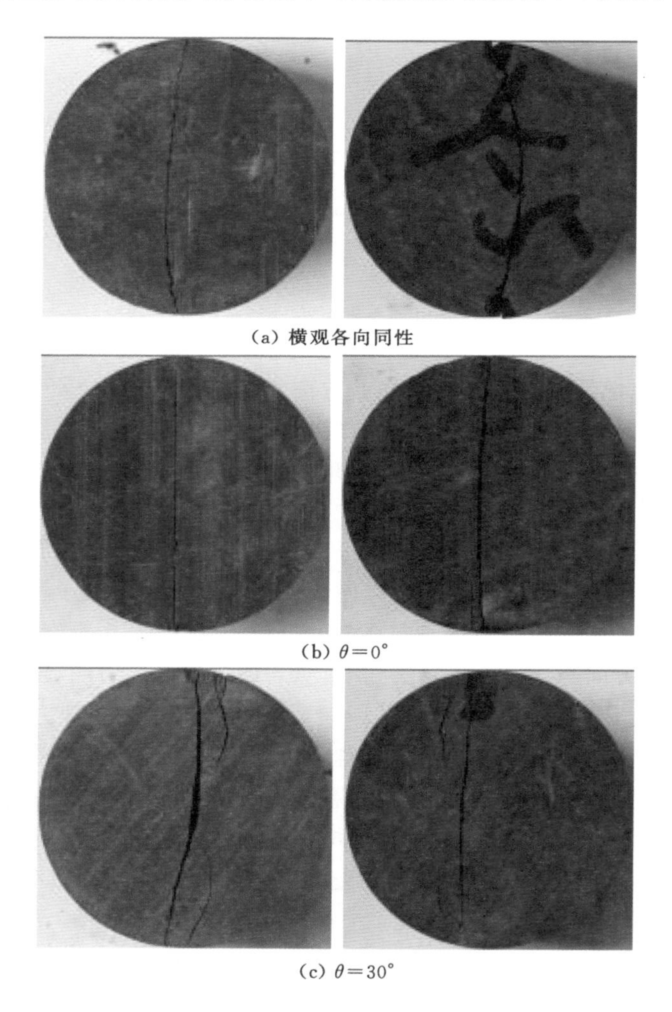

(a) 横观各向同性

(b) $\theta=0°$

(c) $\theta=30°$

图 5-5　巴西劈裂条件下不同层理方位页岩裂缝扩展形态图

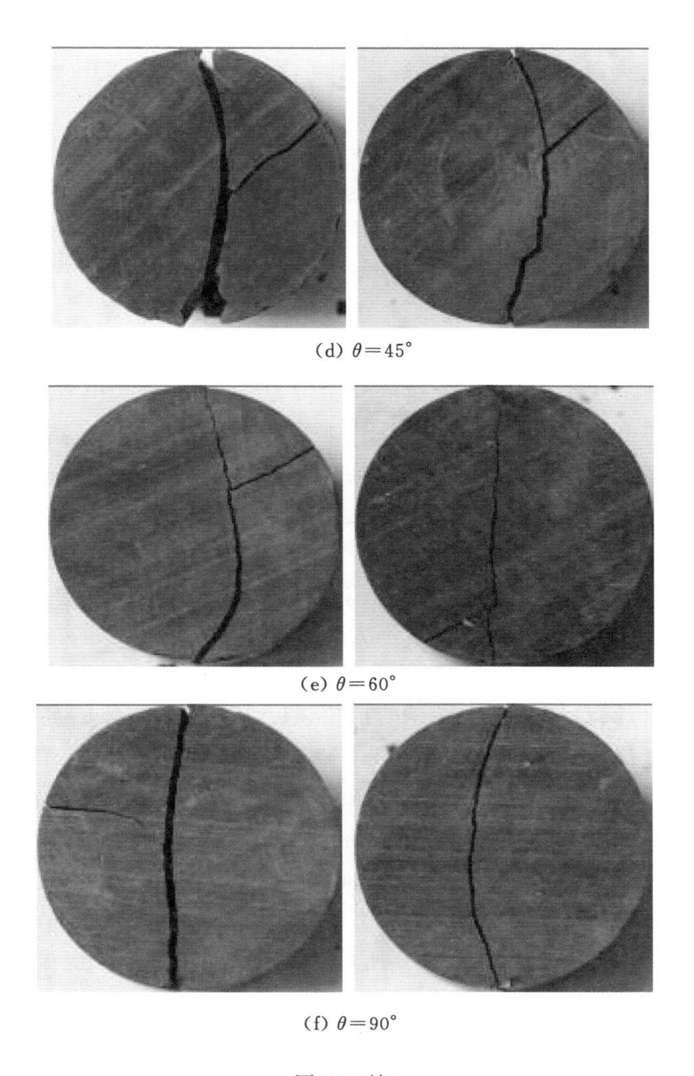

(d) $\theta=45°$

(e) $\theta=60°$

(f) $\theta=90°$

图 5-5(续)

从图 5-5 中不同层理方位页岩圆盘劈裂破坏样式图可以观察到，圆盘试样劈裂破坏产生的宏观裂缝除了在特定情况(横观各向同性面、沿层理和垂直层理方向)下，均不通过圆盘试样的中心，这显然与基于各向同性平面应力的弹性应力解析解假定的裂纹自圆盘中心处起裂不符，这意味着表 5-1 中计算的部分层理方位页岩的抗拉强度并不能够准确表征页岩的真实抗拉强度。因此，本书通过弹性解析方法计算式(5-2)得到的部分层理方位页岩的抗拉强度实际上应该是页岩巴西劈裂时的破裂强度，而不是真实的抗拉强度，用破裂强度来表述更加准确恰当。

当层理平行于圆盘端面时，圆盘内的应力分布不受层理影响，为各向同性，巴西劈裂时实际上形成的是沿基质体方位或横观各向同性面扩展的裂缝。由图 5-5(a)可知，沿横观各向同性面方位扩展的裂缝，均没有穿过圆盘的中心，这表明该方位裂缝并不是从试样的中心起裂的，而是自应力高度集中的加载鄂处向试样中心或自一加载鄂向另一加载鄂扩展。侯鹏等[55]通过高速摄像机观测后发现，巴西劈裂时龙马溪页岩的裂纹扩展速度极快，自起裂到完全断裂几乎在 0.01 s 内完成，且裂纹的起裂位置有试样中心，也有上、下加载鄂，但自试样中心起裂的裂缝一般通过上、下加载鄂，且裂缝扩展路径较平直；反之，通过上、下加载鄂且较平直的裂缝并不一定自圆盘中心起裂，而扩展路径偏移明显的裂缝一般自加载鄂附近起裂，且自加载鄂起裂的裂缝在加载鄂附近有明显的不同程度破碎现象。由图 5-5(a)还可以看出，沿横观各向同性面方位的裂缝在巴西劈裂条件下，自上、下加载鄂起裂后在扩展的过程中也发生了明显的断裂路径偏移，但偏移量不太大，这表明该方位裂缝在扩展的过程中破裂机制为张-剪复合断裂，且裂缝偏移程度越明显，剪切破裂占比越高。总体上，层理平行圆盘端面试样测试的抗拉强度为页岩基质体的抗拉强度，为所有层理方位中抗拉强度的最大值。

对层理垂直圆盘端面的试样，由图 5-5(b)可知，当加载方向沿层理(层理角度 0°)时，压缩荷载诱导的张拉裂缝沿层理起裂后并沿层理继续扩展，直至试样完全断裂，扩展路径为层理，断裂面为层理面，较光滑平整，没有发生任何转向现象。

劈裂后试样的破裂面如图 5-6 所示。由图 5-6 可以看出，该破裂面完全为页岩的层理面，较光滑平整，能观察到呈白色星状大量分布的笔石和放射虫化石。由于主裂缝通过圆盘中心线且完全沿层理面，故该组加载情况得到的为页岩层理面的抗拉强度，为所有层理方位中抗拉强度的最小值。

当加载方向与层理成 30°角时，近似形成了通过圆盘中心线的主裂缝，但是该主裂缝在扩展的过程中发生了偏移，形成了弧形曲线形态。这表明页岩主裂缝在圆盘中心处张拉起裂并向上、下加载鄂处扩展的过程中，受层理影响产生了剪切破坏，进而引起了主裂缝的偏移扩展，从而形成了以张拉破坏为主、剪切破坏为辅的复合破坏模式。另外，在上、下加载鄂的局部应力集中处均起裂了次生裂缝，且该裂缝是从圆盘端部起裂后向试样内部开始扩展的，在

图 5-6　沿层理巴西劈裂后层理面的表面形态图

扩展过程中发生了层理的剪切或张拉开裂和基质的剪切、张拉破坏，从而形成了复杂裂缝扩展形态，这是该层理角度页岩劈裂时破裂强度较高的主要原因。

由图 5-5(c)可知，当加载方向与层理成 30°角时，上、下加载鄂附近的压碎现象明显，且周围均萌生了次生裂缝，形成的主裂缝均有一定程度的弯曲，且不通过试样中心，这表明该方位的裂缝是自加载鄂起裂的。而侯鹏等[55]观察到该方位的裂缝自一加载鄂起裂后向另一加载鄂扩展，也验证了该方位的裂缝自加载鄂起裂。裂缝自加载鄂起裂后，扩展过程中虽有一定程度的弯曲，但总体上相对较平直，这说明该方位裂缝在扩展的过程中主要发生张拉破裂，而剪切破裂起次要作用，相对较微弱。然而，劈裂过程中高应力集中诱导产生的次生裂缝却形成了弧形扩展路径，并伴随有一定的层理开裂现象，这表明次生裂缝主要是由剪切作用产生的。另外，该层理方位页岩裂缝起裂时在上、下加载鄂附近产生的次生裂缝及裂缝扩展过程中发生的层理剪切或张拉开裂诱导的复杂裂缝扩展形态，是该层理方位页岩劈裂时破裂强度较高的主要原因。

由图 5-5(d)可知，当加载方向与层理成 45°角时，破裂过程中形成的弧形扩展路径表明该方位的裂缝是自加载鄂处起裂的，而裂缝在随后的扩展过程中受剪切破裂影响，扩展路径不断发生偏移，在接近试样的中心部位偏移量达到最大值，且切线方向近似平行压缩荷载方向，而后裂缝在扩展中又逐渐转向另一加载鄂，形成弧形扩展路径。总体上，裂缝在转向扩展的过程中发生了明显的沿层理剪切滑移现象，且部分剪切滑移贯穿至试样表面，而弧形路径表明剪切破裂在靠近两加载鄂处占主控作用，而张拉破裂在接近试样中心处占主控作用。

由图 5-5(e)可知，当加载方向与层理成 60°角时，破裂过程中既有形成弧形扩展路径的，也有形成通过圆盘中心的平直扩展路径的，这表明该方位的裂缝既有自加载鄂处起裂的，也有自圆盘中心起裂的。而侯鹏等[55]通过高速摄像机观察到的该方位裂缝自圆盘中心起裂，且扩展路径与图 5-5(e)中第二个试样基本一致，这说明该试样的裂缝自圆盘中心起裂的可能性极大。沿加载鄂附近起裂的裂缝的扩展路径与 45°角的极为相似，且均伴随有剪切诱导的层理滑移现象。而自圆盘中心起裂的裂缝扩展路径较平直，没有明显的偏移现象，但裂缝周围小范围内的层理剪切滑移仍能观察到，这表明该裂缝虽然扩展机制主要为张拉破裂，但压缩荷载仍诱导一部分弱层理发生了剪切滑移，而贯穿至试样表面的层理开裂则是由试样破裂后偏心压缩诱导的层理张拉开裂。

对加载方向与层理成 45°和 60°角的试样，破裂模式既不是单一的沿层理面剪切破坏，也不是从圆盘中心起裂的张拉破坏。主裂缝一般是从加载鄂局部应力集中处起裂后向试样内部扩展，在裂缝扩展的过程中不断发生层理面的剪切或张拉开裂和基质体的剪切、张拉破坏，从而形成复杂的弧形主裂缝。由于页岩非均质条状矿物带的影响，裂缝会在不同层理间发展并连通，最终形成弧形破坏裂缝，且均观察到沿层理剪切开裂的次级裂缝与弧形主裂缝相交。该破坏模式属于张-剪复合破裂形式，既包括沿层理的剪切、劈裂破坏，也包括矿物基质体的剪切、张拉破坏，是页岩各向异性和非均质性共同作用的结果，这也是其劈裂破坏强度较高的主要原因。

由图 5-5(f)可知，当加载方向垂直层理时，观察到的裂缝扩展形态与 60°角的极为相似，裂缝自加载鄂和圆盘中心均能起裂，但裂缝周围局部小范围的层理开裂仅出现在断裂路径偏移时，这说明层理开裂是由剪切破裂诱导的。图 5-5(f)中左侧试样开裂的层理未完全贯通，表明该层理的开裂是由试样破裂后偏心压缩诱导的张拉应力引起的。此外，侯鹏等[55]观察到该方位的裂缝是自圆盘中心起裂的，而后向上、下加载鄂扩展，扩展路径基本与图 5-5(f)中左侧试样相似。由于主裂缝近似通过圆盘中心线，故该组加载情况得到的破裂强度可近似认为是页岩垂直层理方向的抗拉强度，但该抗拉强度仍与页岩基质体的抗拉强度有一定差别，应加以区别。

总体上，由于龙马溪组页岩的脆性较强，裂缝扩展速度极快，几乎在 0.01 s 内完成，即使用高速摄像机也极难清晰地观察到裂缝的扩展演化过程。巴西劈裂条件下，层理方位对裂缝起裂位置和扩展路径均影响较大，即使同一层理方位，裂缝的起裂位置和扩展路径也会完全不同，这可能与巴西劈裂加载方式的局限性有极大关系。但是，仍能从中找出一些共性认识：① 即使圆盘面为层理面，层理仍对张拉裂缝的起裂和扩展产生一定影响，这是因为裂缝扩展是一个三维问题，裂缝沿缝长方向扩展的同时其沿缝高方向也会相应地进行扩展；② 张拉裂缝沿层理起裂后会沿该层理继续扩展，但扩展的过程中一定的应力条件仍能促使其发生转向；③ 沿加载鄂起裂的裂缝，由于剪切作用，在扩展初期往往会偏离加载方向，但在压缩荷载诱导的张拉作用的控制下，扩展路径逐渐平缓，在圆盘中心附近又逐渐转向另一加载鄂，裂缝扩展中层理和应力状态均对其有主控作用，且扩展机制随断裂路径的变化逐渐变化；④ 自加载鄂起裂的裂缝为张-剪复合裂缝，张-剪复合裂缝在扩展的过程中张拉作用和剪切作用均会诱导弱层理开裂，而弱层理的开裂机制与裂缝与层理的相对方位有关，但剪切作用更容易诱导弱层理的滑移。

为进一步认识巴西劈裂条件下不同层理方位页岩裂缝的扩展演化机制，并考虑到页岩较快的裂缝扩展速度，较多学者通过高速摄像机观测、数字图像相关或数值模拟方法研究了层理对裂缝扩展演化的影响。Simpson[49]通过高速摄像机观测了不同层理方位 Mancos 页岩在巴西劈裂条件下裂缝的扩展演化过程，部分层理方位试样裂缝的扩展演化过程如图 5-7 所示。由图 5-7 可以看出，巴西劈裂条件下，Mancos 页岩的裂缝几乎均从圆盘的中心起裂，然后向两加载鄂扩展，且除 $\theta=30°$ 试样外，其他方位裂缝均较平整，没有明显的扩展路径偏移，这与龙马溪页岩明显不同。但相同的是，当层理与裂缝成一定角度时，裂缝在扩展演化过程中均出现了明显的层理开裂现象，且裂缝自起裂至完全贯通在 0.01 s 内完成，有的甚至在 0.000 1 s 内即完成。

针对 Mancos 页岩，Na 等[155]通过数字图像相关技术实时观测了巴西劈裂条件下不同层理方位页岩裂缝的萌生、扩展及贯通的全过程，如图 5-8 所示。图 5-8 显示了不同层理方位页岩在巴西劈裂条件下水平方向拉应变的演化情况，其中试样 A 和 B 对应横观各向同性方位，即观察到的是页岩基质体方位裂缝的扩展演化情况，而试样 C 和 D 分别对应 45°和 90°方位，即观察到的是加载方向与层理成 45°和垂直层理加载时裂缝的扩展情况。对比图 5-7 和图 5-8 可知，即使同一层理方位的 Mancos 页岩，巴西劈裂条件下甚至得到了完全不同的裂缝起裂和扩展演化过程，但相同的是裂缝扩展路径与层理方位直接相关，即使横观各向同性方位的裂缝，层理仍会诱导裂缝扩展路径的偏移，这与龙马溪页岩观察到的现象一致。此外，当加载方向与层理成一定角度时，剪切作用容易诱导层理剪切滑移，且裂缝易转向层理扩展，形成复杂的裂缝扩展路径。Na 等[155]通过数值模拟方法验证了不同层理方位 Mancos 页岩在巴西劈裂条件下的裂缝扩展演化过程，得到的结果与数字图像相关技术观测到的基本一致。

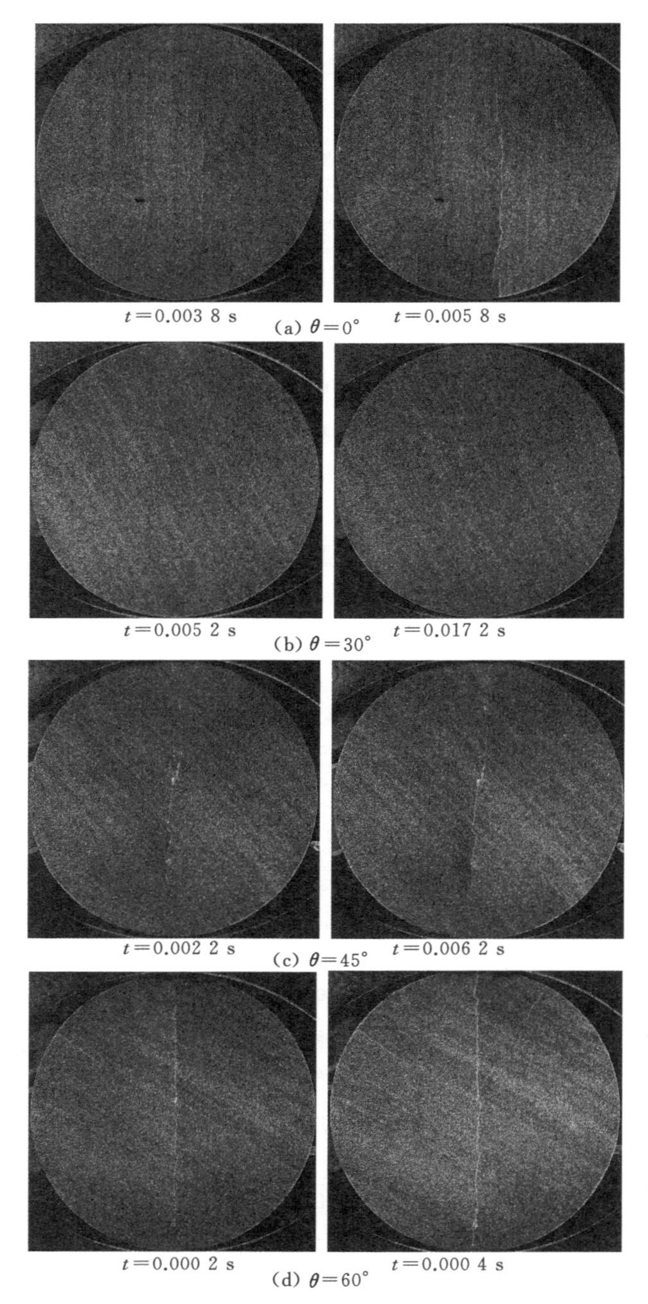

图 5-7　巴西劈裂条件下不同层理方位 Mancos 页岩的裂缝扩展演化图[49]

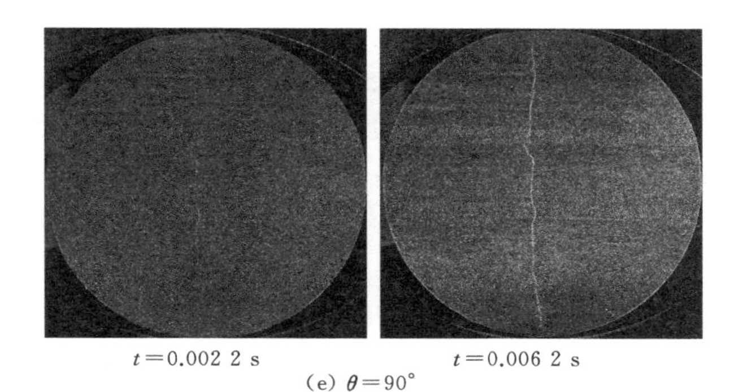

$t=0.002\ 2$ s　　　　$t=0.006\ 2$ s

(e) $\theta=90°$

图 5-7(续)

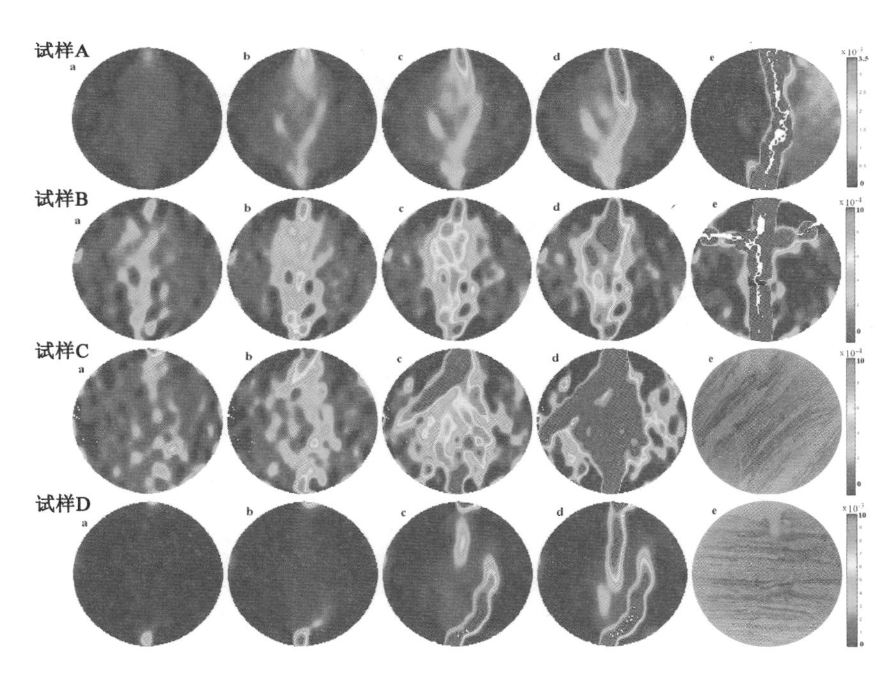

图 5-8　通过数字图像相关技术得到的巴西劈裂条件下 Mancos 页岩裂缝扩展演化图[155]

此外，对层理垂直圆盘端面的试样，当加载方向与层理角度为 $0°<\theta<90°$ 时，主裂缝均未通过试样中心线，且呈现出较复杂的弧形扩展路径，属于拉-剪复合破坏形态，既包括沿层理的剪切、张拉劈裂破坏，也包括沿矿物基质体的剪切、张拉破坏，是页岩各向异性和非均质性共同作用的结果，这也是其抗拉

强度相对较高的重要原因，但此时计算得到的抗拉强度并非真正意义上的抗拉强度，而仅为破裂强度。因此，受层理和页岩非均质性的影响，当裂缝沿非层理方向扩展时，裂缝易发生分叉、转向，且容易产生与主裂缝相交的次生裂缝，从而形成相对较复杂的裂缝形态，有利于页岩气储层的压裂改造效果。

类似于 Szwedzicki[156] 对单轴压缩条件下不同破裂模式的考虑，经过观察、分析和总结可知，页岩劈裂试验后，也能观察到三种基本破坏模式[157]（图 5-9）：

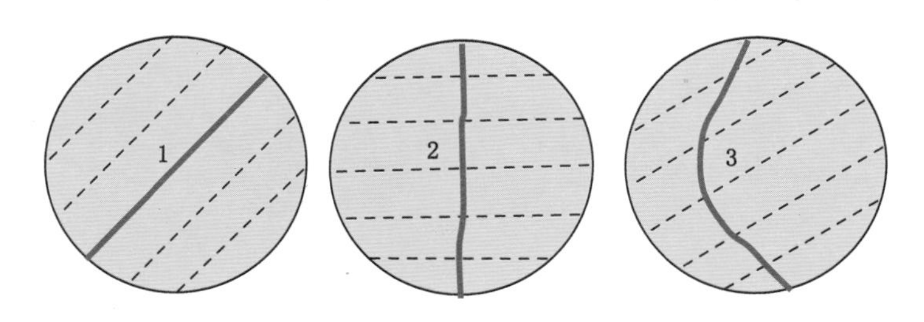

1—层理面开裂；2—中心破裂；3—非中心破裂。

图 5-9　巴西劈裂不同破裂模式示意图

（1）层理面开裂。由于张拉或剪切破裂而形成的沿层理面的主裂缝或次生裂缝，如图 5-9 中的 1 所示。

（2）沿加载方向的中心破裂。劈裂后试样的主裂缝基本沿加载方向扩展，且该主裂缝近似通过上、下加载鄂连线的试样中心处，该主裂缝可以沿层理方向或垂直层理方向，如图 5-9 中的 2 所示。

（3）张-剪复合破裂。劈裂后试样的主裂缝均为通过试样上、下加载鄂连线的中心线，呈现出相对较复杂的弧形扩展路径。此破裂模式为张-剪复合破坏，既有沿层理的剪切、张拉劈裂破坏，也有沿页岩基质体的剪切、张拉破坏。该复杂破裂模式是页岩各向异性和非均质性共同作用的结果，也是相应层理角度页岩破裂强度相对较高的重要原因。一般的破裂面样式如图 5-9 中的 3 所示。

一般情况下，不同层理方位页岩劈裂破坏中可能同时出现两种或三种基本的破裂模式，如层理角度为 30°、45°和 60°页岩劈裂破坏时均同时出现了层理开裂和张-剪复合破裂模式的非中心破裂，而垂直层理方向页岩劈裂破坏时同时出现了层理开裂和沿加载方向的中心破裂。

5.1.5 巴西劈裂条件下页岩破裂机制的各向异性

页岩破裂模式和断裂行为的各向异性是由破裂机制的各向异性引起的，而抗拉强度的各向异性是由破裂机制的各向异性控制的。因此，分析不同层理方位页岩破裂机制的各向异性对进一步认识页岩抗拉强度和断裂行为的各向异性特征及复杂裂缝形态的产生等具有重要作用。

通过对不同层理方位页岩劈裂破坏时的破裂面与层理面及加载方向的关系(图5-5)进行分析，不难发现巴西劈裂时，其破坏机制可分为三种类型，表现出了明显的各向异性特征。对层理平行圆盘端面的试样，破裂机制为基质体主控的张拉劈裂破坏或张-剪复合破坏，层理面的存在对该方位页岩劈裂破坏的影响虽然较小，但仍有一定的控制作用。对层理垂直圆盘端面的试样，0°为层理面主控的沿层理的张拉劈裂破坏；30°、45°和60°为基质体和层理面共同控制的贯穿层理和沿层理的张拉、剪切破坏；90°为基质体和层理面共同控制的贯穿层理和沿层理的张拉破坏。对层理垂直圆盘端面的试样，无论哪种破坏机制，层理面均起到了一定的控制作用。因此，总体上看，层理面的存在是引起页岩劈裂破坏破裂机制各向异性的主要原因。但产生页岩破坏机制各向异性的根源为黏土矿物、微裂隙等定向排列而形成的页岩层状沉积结构。

5.1.6 页岩层理和基质体的抗拉强度

通过对不同层理方位页岩劈裂破坏时破裂模式和破裂机制的分析可知，页岩基质体和层理的破裂强度见表5-2。

表5-2 巴西劈裂条件下页岩破裂强度特征参数值

层理方位	基质体	垂直层理	层理面
破裂强度/MPa	13.683	9.942	4.296

由表5-2可知，巴西劈裂条件下，页岩层理的破裂强度不仅远低于基质体的破裂强度，还低于垂直层理方向的抗拉强度，这进一步表明层理为页岩气储层的薄弱面，张拉裂缝易在层理处起裂并沿层理延伸扩展，这对水平井井壁的稳定性和水力裂缝复杂延伸规律具有重大影响。

表5-2得到的页岩层理和基质体的破裂强度是基于式(5-1)获得的，而该式是基于岩石各向同性假设得出的，并不能准确反映具有明显各向异性特征的页岩层理和基质体的抗拉强度。鉴于页岩层理、基质体及垂直层理方向抗

拉强度参数在分析不同加载条件下页岩裂缝的起裂、扩展与转向行为的重要性，这里将通过式(5-2)对页岩层理、基质体及垂直层理方向的抗拉强度进行修正。要想对该抗拉强度进行修正，必须首先获得表征页岩横观各向同性特征的5个独立材料参数：E、E'、n、n'和G'[47]，具体数值见表5-3。该5个独立材料参数可通过至少3个层理方位页岩的单轴压缩试验获得，具体的确定过程可参考文献[47]。

表 5-3　表征龙马溪页岩横观各向同性的 5 个独立材料参数

材料参数	E/GPa	E'/GPa	n	n'	G'/GPa
数值	25	14.06	0.312	0.367	7.8

修正后的页岩层理、基质体及垂直层理方向的抗拉强度如表5-4和图5-10所示。由图5-10可以看出，对页岩基质体的抗拉强度，修正前与修正后的数值完全一致，即层理方位对页岩基质体的抗拉强度没有影响，这是因为巴西劈裂时层理平行于圆盘试样的端面。而对层理和垂直层理方位的页岩，因为层理垂直于圆盘试样的端面，层理会对页岩的抗拉强度产生一定的影响。由表5-4和图5-10可知，层理对抗拉强度的影响并不是一个固定值，而是随层理倾角的变化而变化；利用式(5-1)高估了页岩层理的抗拉强度，但两者的差值不大，这表明用式(5-1)预测页岩层理的抗拉强度，并不会产生较大的误差；但是，式(5-1)却严重低估了垂直层理方向的抗拉强度，误差达22.70%，而实际上页岩基质体的抗拉强度和垂直层理方向的抗拉强度的差值并不大，完全可用垂直层理方向的抗拉强度来代替页岩基质体的抗拉强度。总之，对龙马溪页岩，可用式(5-1)来预测页岩基质体和层理面的抗拉强度，且预测值与实际值差别并不大，在可接受的范围之内，但是不能用式(5-1)来预测垂直层理方向的抗拉强度，这样会大大低估该方向的抗拉强度，从而产生较大的误差。

表 5-4　龙马溪页岩层理、基质体及垂直层理方向的破裂强度及抗拉强度值

层理方位	破裂强度/ MPa	抗拉强度/ MPa	误差/%
基质体	13.164	13.164	0
层理面	5.024	4.713	6.19
垂直层理	9.886	12.130	22.70

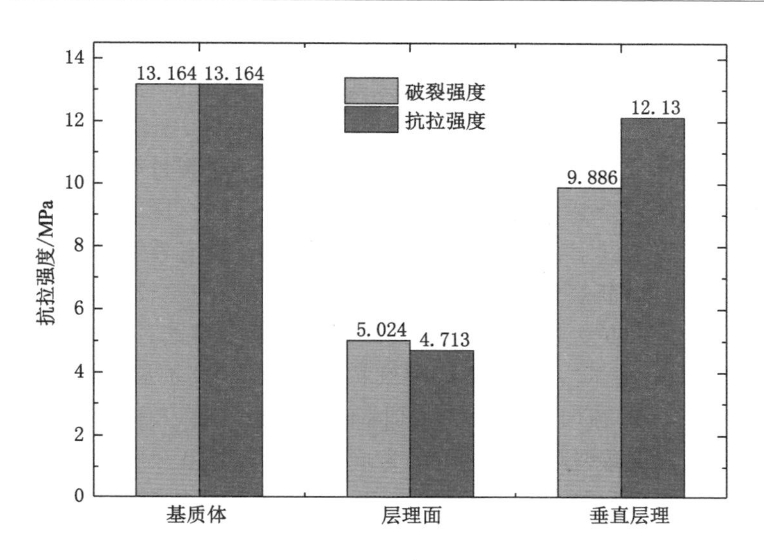

图 5-10　不同层理方位页岩破裂强度和抗拉强度的对比图

总之，巴西劈裂条件下，张拉裂缝自层理起裂后，一般易沿该层理继续扩展，但一定的应力条件仍能促使其转向。张拉裂缝垂直层理或与层理成一定角度扩展时，易发生裂缝的分叉、转向和弱层理的张拉或剪切开裂等复杂扩展行为，一般能形成相对较复杂的裂缝形态。裂缝的复杂扩展行为与受力条件、裂缝与层理的相对方位直接相关，层理和受力条件对裂缝的扩展起主控作用。

5.2　三点弯曲条件下页岩断裂行为的各向异性特征

为进一步认识张拉作用下不同层理方位页岩断裂行为的各向异性特征，在各向异性材料裂纹扩展的自相似性和非自相似性的基础上，根据各向异性材料裂纹尖端应力场的分布特征，开展了切口与层理呈不同方位的圆柱形试样三点弯曲试验，研究了页岩断裂韧性的各向异性特征，并揭示了其断裂机制的各向异性，进而根据裂缝的扩展演化规律探讨了层理在张拉裂缝扩展中的控制作用，揭示了张拉裂缝扩展中裂缝、最大拉应力及层理间的竞争起裂与扩展行为。

5.2.1　各向异性材料裂纹扩展的自相似性和非自相似性

层理性页岩气储层内部有大量定向排列的层理面，力学性质表现为非均质、非连续、各向异性，其层理组合对岩体的变形、强度特征、断裂行为、断裂机制等均有重要影响，是典型的各向异性岩体。与各向同性岩石类材料不同，各向异性岩石类材料由岩体、结构面、微裂隙等不均匀组成，表现出明显的各向异性特征，其破裂过程非常复杂，这可通过页岩的单轴、三轴压缩试验及巴西劈裂试验等初步观察到。而该加载条件下页岩复杂破裂过程的产生与页岩气储层水力压裂时复杂裂缝网络的形成又密切相关，因此，深入分析各向异性岩体内裂缝的扩展规律对认识页岩气储层“体积压裂”具有重要意义。

各向异性材料断裂有两种基本模式：一种是固有缺陷较小，随荷载增大而引发更多的缺陷和扩大损伤区范围，而导致整体损伤模式；另一种为当缺陷裂纹尺寸较大时，由于应力集中造成裂纹扩展，这种裂纹扩展导致的破坏称为裂纹扩展模式。对各向异性岩体，其固有缺陷主要有三种类型：① 岩体开裂；② 结构面；③ 微裂隙。有时可能为这三种缺陷的组合形式。在岩石类材料破坏的过程中，有可能以一种模式为主，也可能两种甚至三种组合出现，但往往先出现总体损伤模式，当其中最大裂纹尺寸达到某临界值时，出现裂纹扩展模式的破坏。

各向异性岩石类材料初始裂纹的产生和扩展很复杂，在利用断裂力学进行裂纹扩展分析时，由于岩体本身的不均质性，结构面间的裂纹可能不连续，即存在岩体和结构面部分连接、部分脱开，裂纹在扩展的过程中具有较明显的非自相似性(不沿裂纹面和裂纹方向扩展)。而当裂纹在结构面内起裂并扩展时，不同结构面内的裂纹起裂、扩展的过程可能各不相同，且可能引起结构面分层开裂。经过对页岩基本力学试验后的破裂模式进行分析，可以发现裂缝在扩展的过程中，遇到弱层理时有自相似性和非自相似性两种基本情形，如图 5-11 所示。当裂纹平行于层理，如图 5-11(a)所示，且裂纹扩展方向平行于层理方向，即为自相似方式；但当裂纹与层理有某个夹角，且裂纹扩展仍平行于层理方向而不是平行于裂纹方向，即为非自相似方式，如图 5-11(b)所示。

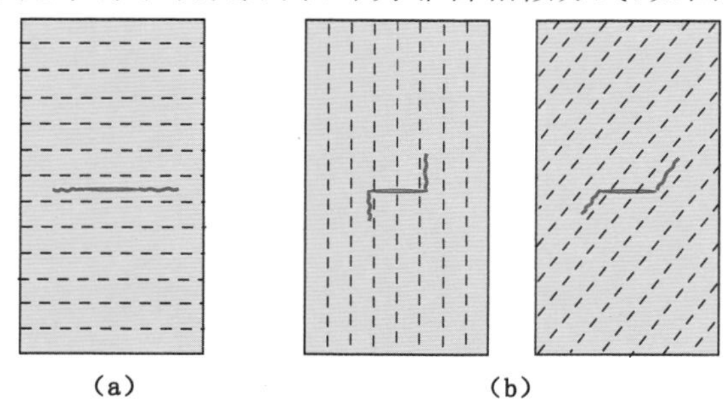

图 5-11　各向异性材料中的裂纹扩展

一般将各向异性岩石类材料视为均质各向异性连续介质，通过断裂力学研究其内、外部裂纹的扩展行为。本章亦通过各向异性材料的断裂力学来分析层理对页岩体中裂纹周围应力场和位移场的影响，进而分析页岩Ⅰ型断裂韧性的层理方向效应，以便进一步探讨不同加载条件下层理对页岩复杂断裂行为的控制作用。

5.2.2　各向异性材料裂纹尖端的应力场和位移场

对页岩气储层，由于其脆性较强，没有明显的塑性特征，可根据线弹性断裂力学研究裂纹的失稳扩展规律，并分析不同加载条件下页岩裂缝的扩展演化机制。而在线弹性断裂力学中，应力强度因子是表示裂纹尖端应力场强度和位移场的一个重要力学参量，是用来判断裂纹是否进入失稳扩展状态的一个重要指标。因此，分析各向异性材料裂纹尖端的应力场和位移场分布特征，并认识决定各向异性材料应力强度因子的关键因素，对研究页岩断裂韧性的各向异性特征及进一步分析页岩气储层水力裂缝的扩展规律及其调控方法具有重要的指导意义。

图 5-12 为各向异性材料裂纹尖端的局部坐标系示意图。根据各向异性材料平面问题的基本微分方程，可求得长度为 $2a$ 的裂纹尖端应力场和位移场的渐近解[158]，如式(5-4)和式(5-5)所示。

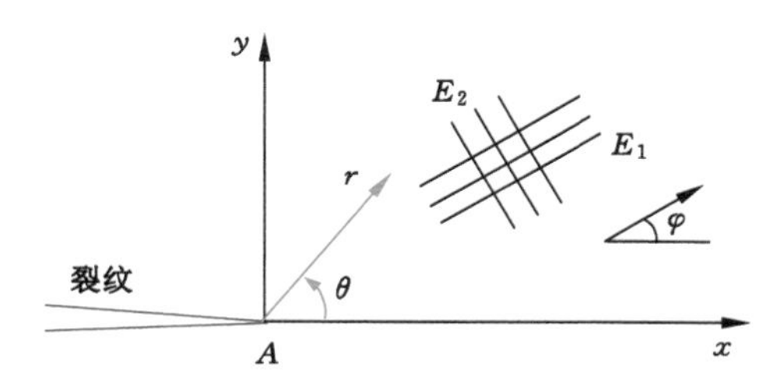

图 5-12　各向异性材料裂纹尖端示意图

裂纹尖端应力场为：

$$\begin{cases}\sigma_x = \dfrac{K_{\mathrm{I}}}{\sqrt{2\pi r}}Re\left[\dfrac{\lambda_1\lambda_2}{\lambda_1-\lambda_2}\left(\dfrac{\lambda_2}{\psi_2}-\dfrac{\lambda_1}{\psi_1}\right)\right]+\dfrac{K_{\mathrm{II}}}{\sqrt{2\pi r}}Re\left[\dfrac{1}{\lambda_1-\lambda_2}\left(\dfrac{\lambda_2^2}{\psi_2}-\dfrac{\lambda_1^2}{\psi_1}\right)\right] \\ \sigma_y = \dfrac{K_{\mathrm{I}}}{\sqrt{2\pi r}}Re\left[\dfrac{1}{\lambda_1-\lambda_2}\left(\dfrac{\lambda_2}{\psi_2}-\dfrac{\lambda_1}{\psi_1}\right)\right]+\dfrac{K_{\mathrm{II}}}{\sqrt{2\pi r}}Re\left[\dfrac{1}{\lambda_1-\lambda_2}\left(\dfrac{1}{\psi_2}-\dfrac{1}{\psi_1}\right)\right] \\ \tau_{xy} = \dfrac{K_{\mathrm{I}}}{\sqrt{2\pi r}}Re\left[\dfrac{\lambda_1\lambda_2}{\lambda_1-\lambda_2}\left(\dfrac{1}{\psi_1}-\dfrac{1}{\psi_2}\right)\right]+\dfrac{K_{\mathrm{II}}}{\sqrt{2\pi r}}Re\left[\dfrac{1}{\lambda_1-\lambda_2}\left(\dfrac{\lambda_1}{\psi_1}-\dfrac{\lambda_2}{\psi_2}\right)\right]\end{cases} \tag{5-4}$$

裂纹尖端位移场为：

$$\begin{cases}\mu = K_{\mathrm{I}}\sqrt{\dfrac{2r}{\pi}}Re\left[\dfrac{1}{\lambda_1-\lambda_2}(\lambda_1 p_2\psi_2-\lambda_2 p_1\psi_1)\right]+K_{\mathrm{II}}\sqrt{\dfrac{2r}{\pi}}Re\left[\dfrac{1}{\lambda_1-\lambda_2}(p_2\psi_2-p_1\psi_1)\right]\\ \nu = K_{\mathrm{I}}\sqrt{\dfrac{2r}{\pi}}Re\left[\dfrac{1}{\lambda_1-\lambda_2}(\lambda_1 q_2\psi_2-\lambda_2 q_1\psi_1)\right]+K_{\mathrm{II}}\sqrt{\dfrac{2r}{\pi}}Re\left[\dfrac{1}{\lambda_1-\lambda_2}(q_2\psi_2-q_1\psi_1)\right]\end{cases} \tag{5-5}$$

式(5-4)与式(5-5)中，部分参数的表达式为：

$$\begin{cases}p_i = a'_{11}\lambda_i^2 + a'_{12} - a'_{16}\lambda_i\\ q_i = a'_{12}\lambda_i + \dfrac{a'_{22}}{\lambda_i} - a'_{26}\end{cases} \quad i=1,2 \tag{5-6}$$

$$\psi_i = \sqrt{\cos\theta + \lambda_i\sin\theta} \tag{5-7}$$

而式(5-6)中 a'_{ij} 为局部 x-y 坐标系下的柔度系数，对各向异性材料，其与主方向下的柔度系数 a_{ij} 的关系为[159]：

$$\begin{cases}a'_{11}=a_{11}\cos^4\varphi+(2a_{12}+a_{66})\sin^2\varphi\cos^2\varphi+a_{22}\sin^4\varphi\\ a'_{22}=a_{11}\sin^4\varphi+(2a_{12}+a_{66})\sin^2\varphi\cos^2\varphi+a_{22}\sin^4\varphi\\ a'_{12}=a_{12}+(a_{11}+a_{22}-2a_{12}-a_{66})\sin^2\varphi\cos^2\varphi\\ a'_{66}=a_{66}+4(a_{11}+a_{22}-2a_{12}-a_{66})\sin^2\varphi\cos^2\varphi\\ a'_{16}=[a_{11}\cos^2\varphi-a_{22}\sin^2\varphi-(2a_{12}+a_{66})\cos2\varphi/2]\sin2\varphi\\ a'_{26}=[a_{11}\sin^2\varphi-a_{22}\cos^2\varphi+(2a_{12}+a_{66})\cos2\varphi/2]\sin2\varphi\end{cases} \tag{5-8}$$

式(5-4)～式(5-8)中，K_{I}为材料中裂纹的Ⅰ型应力强度因子，$\mathrm{MPa}\cdot\mathrm{m}^{1/2}$；$K_{\mathrm{II}}$ 为材料中裂纹的Ⅱ型应力强度因子，$\mathrm{MPa}\cdot\mathrm{m}^{1/2}$；$\varphi$ 为材料主方向 1 与局部坐标系下 x 方向的夹角；λ_1 和 λ_2 为与坐标系有关的材料特征参数，且与各向异性材料特征方程的两个根 μ_1 和 μ_2 有关[104]。

λ_k 与 μ_k 的关系为[104]：

$$\lambda_k = \frac{\mu_k\cos\varphi + \sin\varphi}{\cos\varphi - \mu_k\sin\varphi} \quad k=1,2 \tag{5-9}$$

由式(5-4)可知：① 各向异性材料中的裂纹在裂纹尖端 $r\to 0$ 时应力也具有 $\gamma^{-\frac{1}{2}}$ 的奇异性，应力场强度和位移场也由应力强度因子 K_{I} 和 K_{II} 决定，这与各向同性材料相同；② 应力场和位移场特征不仅与 θ 有关，还与各向异性材料的弹性常数有关，这与各向同性材料不同。

对各向异性材料，各向异性不仅影响裂纹尖端的应力场和位移场分布特征，还影响着应力场和位移场的强度，即影响着应力强度因子的大小，而这可通过能反映裂纹失稳扩展能力的断裂韧性得以体现[160-161]。

在一定的地层特征(原生裂隙、分布特征、应力状况)条件下,特别是在最大和最小地应力相差较大、原生裂隙方位与主应力成 30°～60°夹角且注入低黏度流体时,地层容易沿原生裂隙诱发剪切破裂[162]。然而,即使页岩地层在压裂时水力裂缝因剪切作用在弱层理或天然裂缝处起裂,在扩展延伸的过程中也会因地应力的控制作用而逐渐转向最大地应力方向形成以张拉破裂为主的主裂缝,只有水力裂缝在转向、沿层理或天然裂缝形成相交于主裂缝的次生裂缝时,才出现明显的剪切破裂,但该转向裂缝、沿层理或天然裂缝的次生裂缝并不完全是剪切裂缝,张拉作用仍占不可忽视的地位,甚至是主要地位,故水力压裂时形成的水力裂缝以张拉破裂为主、剪切破裂为辅,但剪切作用在复杂裂缝形态形成过程中的作用却不可忽视[163-166]。本书在讨论层理性页岩气储层水力裂缝的起裂与扩展规律时,由于层理发育的页岩试样内层理和微裂缝基本都沿主应力方向,且地应力差异较小,水力裂缝仅在沿层理或天然裂缝等发生转向时才以剪切扩展为主,而主裂缝主要为张开型裂缝的失稳扩展,故在分析水力裂缝扩展时,假定水力裂缝的延伸主要为高压水作用下张拉裂缝的失稳扩展,即把水力裂缝的延伸暂假定为Ⅰ型裂纹的失稳扩展问题,而暂不考虑Ⅱ型裂缝和Ⅰ-Ⅱ复合型裂缝的失稳扩展。因此,本书在研究页岩断裂韧性的各向异性时,仅先考虑页岩的Ⅰ型断裂韧性。

为进一步分析不同层理方位下页岩断裂韧性和断裂行为的各向异性特征,本节通过间接拉伸法对不同层理方位页岩进行了三点弯曲试验,指出了页岩断裂韧性、断裂行为和断裂机制的各向异性特征,并对比探讨了不同加载方法下页岩张拉裂缝的扩展演化规律及层理对张拉裂缝扩展行为的控制机制。

5.2.3　不同层理方位页岩三点弯曲试样的加工制备

式(5-4)中,当 $\varphi=0°$ 和 90°时,Ⅰ型裂纹应力强度因子的临界值分别为主方向 1 和 2 的断裂韧性。当 1、2 方向分别为沿层理和垂直层理方向时,其断裂韧性可通过相关的力学试验测定,进而可根据断裂韧性和断裂行为的各向异性特征,分析层理性页岩气储层水力裂缝的扩展演化规律。

不同层理方位页岩断裂韧性的测试较一般力学参数的测试复杂和困难,本书采用直切口的圆柱形试样,通过三点弯曲方法测定页岩的断裂韧性,并分析对应张拉作用下页岩断裂行为的各向异性特征。对呈横观各向同性的层状页岩,当采用直切口圆柱形试样进行三点弯曲试验时,切口(预制裂缝)与层理及裂缝扩展方向间存在三种典型的相对方位,如图 5-13 所示,这三种方位分别被称为 Divider、Short-Transverse 和 Arrester[60-64,167-168]，图 5-13 中虚线表示层理。Divider 方位试样的裂缝面垂直层理，但裂缝的扩展方向沿层理；Short-Transverse 方位试样的裂缝面与裂缝扩展方向均平行层理；Arrester 方位试样的裂缝面与裂缝扩展方向均垂直层理。对水平层状页岩，这三种方位的裂缝分别对应垂直裂缝沿水平方向扩展、水平裂缝沿水平方向扩展和垂直裂缝沿垂直方向扩展。而这三种裂缝扩展模式也是页岩地层中水力压裂时裂缝的基本延伸方式。此外，由于页岩直切口三点弯曲圆柱形试样加工的困难性，除三种典型方位外，本次试验时仅加工到了预制裂缝与层理成 30°和 60°两种方位时的试样。

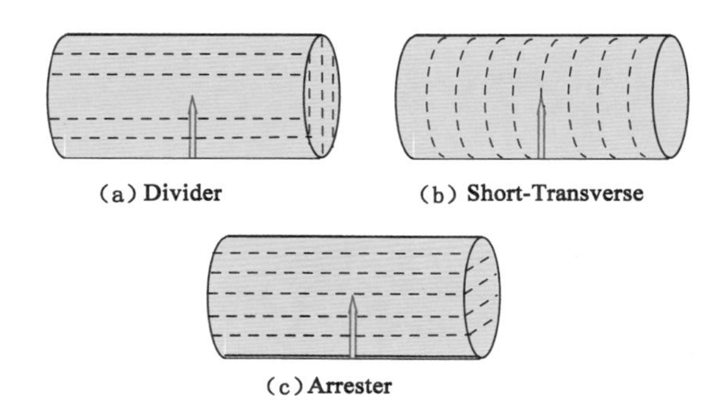

图 5-13　三点弯曲下圆柱形试样直切口与层理及裂缝扩展方向的三种典型相对方位

采用直径约 50 mm、长度 200～240 mm 的圆柱形试样加工直切口。加工时，先用金刚石锯片加工出宽度 2～4 mm、深度 17～20 mm 的切口，然后再用单面刀片手工将切口根部刻划尖锐。在切口加工前为防止试样内发育的微裂缝或试样的非均质性给测试结果带来误差，应尽可能避免钻取黄铁矿结核带及石英、长石矿脉，并且在测试前首先通过声波测试仪剔除声波异常的试样。加工好的试样根据切口与层理的相对方位，共分为 5 组 21 个试样，其中切口与层理成 30°和 60°角时每组只有 3 个试样。加工好的典型的三点弯曲试样如图 5-14 所示。

5.2.4　试验方案

三点弯曲试验是在中国科学院武汉岩土力学研究所的 MTS 815.04 岩石力学综合测试系统的三点弯曲专用测试架上进行，该测试架主要通过弯曲夹

图 5-14　加工好的典型页岩三点弯曲试样照片

具来帮助定位试样上的应变和位移传感器，如图 5-15 所示。测试过程中，将三点弯曲试样放置在加载平台的两个支承滚轴上，使两支承滚轴间的有效跨度 S_d 为 160 mm，并保证三点弯曲试样的预制直切口均在两支承滚轴间的中点处且朝下。加载时，用夹式引伸计(精度 0.001 mm)测量切口的张开位移，且加载时通过控制切口张开位移的速率控制加载速度，加载速率为 0.03 mm/min，这样可以有效排除试验机与加载滚轴及试样接触部位变形的影响。

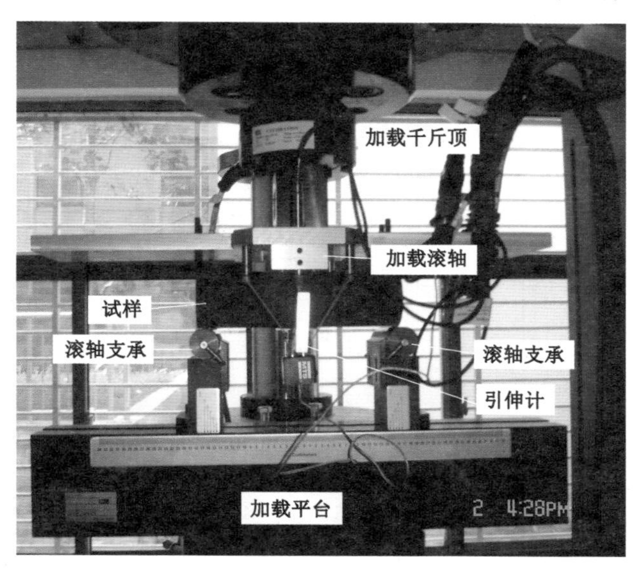

图 5-15　三点弯曲专用测试架

5.2.5 页岩断裂韧性的各向异性

根据三点弯曲梁测试材料断裂韧性的原理可知，断裂韧性与材料本身的物理力学参数无关，而仅与施加于试样上的荷载、试样及裂纹几何形状和尺寸有关。根据《水利水电工程岩石试验规程》(SL/T 264—2020)[169]，对直切口圆柱形三点弯曲试样，Ⅰ型平面应变断裂韧性 K_{IC} 的计算公式为：

$$K_{IC}=0.25\left(\frac{S_d}{D}\right)\frac{p_{max}}{D^{1.5}}y\left(\frac{a}{D}\right) \tag{5-10}$$

$$y\left(\frac{a}{D}\right)=\frac{12.75\left(\frac{a}{D}\right)^{0.5}\left[1+19.65\left(\frac{a}{D}\right)^{4.5}\right]^{0.5}}{\left(1-\frac{a}{D}\right)^{0.25}} \tag{5-11}$$

式中，a 为直切口深度或预制裂缝长度，mm；D 为圆柱形试样的直径，mm；S_d 为两滚轴支承间的距离，本次试验中保持为定值 160 mm；p_{max} 为断裂破坏时对应的峰值荷载，kN。

根据式(5-10)计算得到的 Arrester、Divider 和 Short-Transverse 三种典型切口与层理相对方位下页岩的断裂韧性平均值及其标准差如表 5-5 和图 5-16 所示。

表 5-5 页岩断裂韧性测试结果

切口与层理相对关系	直径 D /mm	切口深度 a /mm	切口宽度 t /mm	峰值荷载 p_{max}/kN	断裂韧性 /MPa · m$^{1/2}$	平均值+标准差 /MPa · m$^{1/2}$
Arrester	50.58	18.60	2.70	1.807	1.202	1.146±0.042
	50.91	22.78	2.72	1.393	1.165	
	50.30	18.42	2.80	1.680	1.128	
	51.01	16.10	2.76	2.032	1.148	
	50.86	18.80	3.00	1.650	1.088	
Divider	51.08	19.90	2.72	1.437	0.993	0.957±0.074
	49.90	19.50	2.94	1.236	0.909	
	50.31	19.30	2.85	1.269	0.896	
	50.42	18.47	2.78	1.375	0.918	
	49.86	18.80	2.73	1.512	1.071	

表 5-5(续)

切口与层理相对关系	直径 D /mm	切口深度 a /mm	切口宽度 t /mm	峰值荷载 p_{max}/kN	断裂韧性 /MPa·$m^{1/2}$	平均值+标准差 /MPa·$m^{1/2}$
Short-Transverse	50.70	17.86	2.74	1.082	0.685	0.566±0.097
	50.64	17.36	2.82	0.994	0.615	
	49.62	17.80	2.74	0.834	0.589	
	49.51	16.78	2.87	0.669	0.434	
	50.05	18.34	2.79	0.748	0.509	

由表 5-5 和图 5-16 可知，总体上，页岩的断裂韧性受预制裂缝、层理及加载方向的相对方位影响较大，呈现出较明显的各向异性特征，且断裂韧性的各向异性度达到了 2.025。Arrester 方位试样的断裂韧性最大，为 1.146±0.042 MPa·$m^{1/2}$，标准差最小，约为 4%，这表明该方向页岩断裂韧性的离散性最小，均质性较强；Short-Transverse 方位试样的断裂韧性最小，为 0.566±0.097 MPa·$m^{1/2}$，但离散性最明显，标准差最大，为 17%，这表明页岩层理面具有较强的非均质性，测试出的断裂韧性较离散；Divider 方位试样的断裂韧性介于两者之间，但明显大于 Short-Transverse 方位试样，略低于 Arrester 方位试样，为 0.957±0.074 MPa·$m^{1/2}$。这表明，裂缝垂直层理扩展时，阻力较大，断裂韧性较大，而裂缝沿层理扩展时，受到的阻力较小，断裂韧性较小，但不同层理抵抗裂缝扩展的能力差异较大。

5.2.6　三点弯曲下页岩断裂行为的各向异性

图 5-17 为切口与层理及裂缝扩展方向成不同相对方位页岩三点弯曲试验后裂缝的扩展路径和断面形态图。由图 5-17 可以看出，虽然三种切口与层理方位页岩试样的裂缝均自预制裂缝的根部起裂，但其扩展路径和弯曲程度差别较大，这会诱导各层理方位断裂韧性的巨大差异。

对裂缝扩展方向垂直层理的 Arrester 方位试样，裂缝自切口(预制裂缝)根部起裂后，沿最大拉应力方向也即预制裂缝方向扩展，由于弱层理开裂，裂缝在开裂的层理处发生垂直转向，继而沿开裂层理继续扩展；由于三点弯曲作用下裂缝尖端的拉应力沿层理方向，在最大拉应力的作用下，裂缝沿层理扩展的过程中再次发生垂直转向，继续沿近似平行切口的最大拉应力方向扩展；在裂缝继续延伸的过程中，由于弱层理开裂和荷载诱导的张拉作用，裂缝又发生了两次近似垂直的转向，而在裂缝的整个扩展过程中，扩展路径不断发生偏

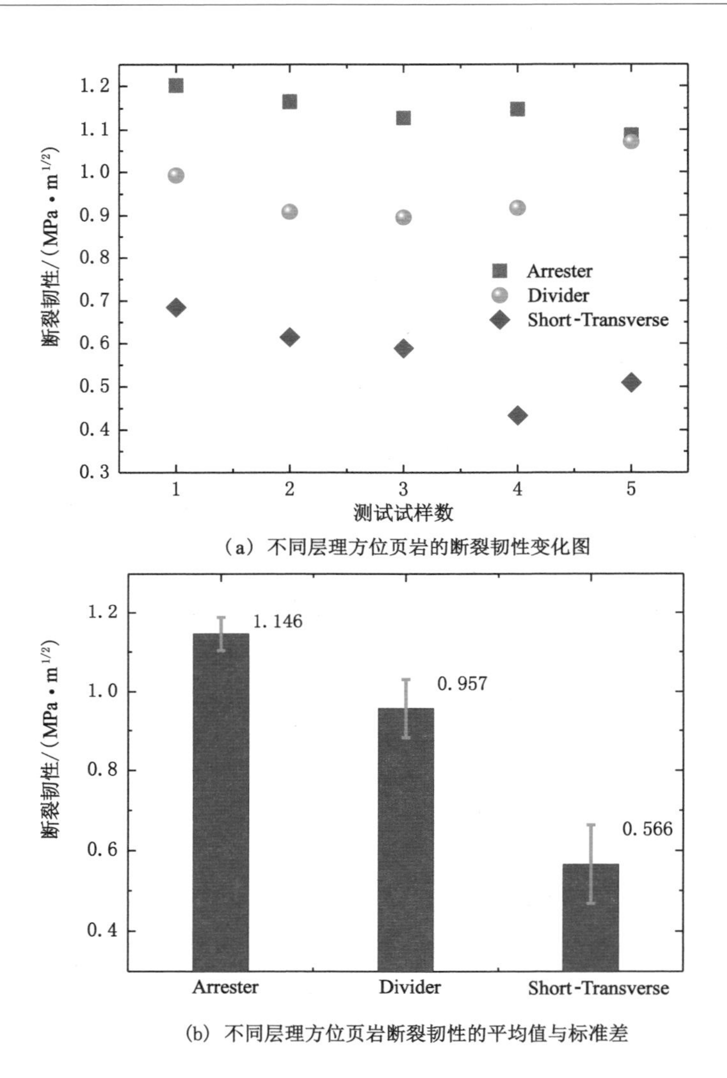

(a) 不同层理方位页岩的断裂韧性变化图

(b) 不同层理方位页岩断裂韧性的平均值与标准差

图 5-16　三种典型相对方位页岩断裂韧性的变化图

移,形成较弯曲的断裂路径。裂缝的整个复杂扩展演化过程表明:裂缝沿垂直层理方向扩展时,层理和受力条件均会诱导裂缝发生转向,对裂缝的扩展起主控作用,且裂缝在扩展的过程中存在层理和最大拉应力间的竞争扩展行为。断裂后的试样形成了与预制裂缝成一定夹角的阶梯形扩展路径,出现了断裂路径的偏移,断裂面也大致呈不规则的阶梯状倾斜面。

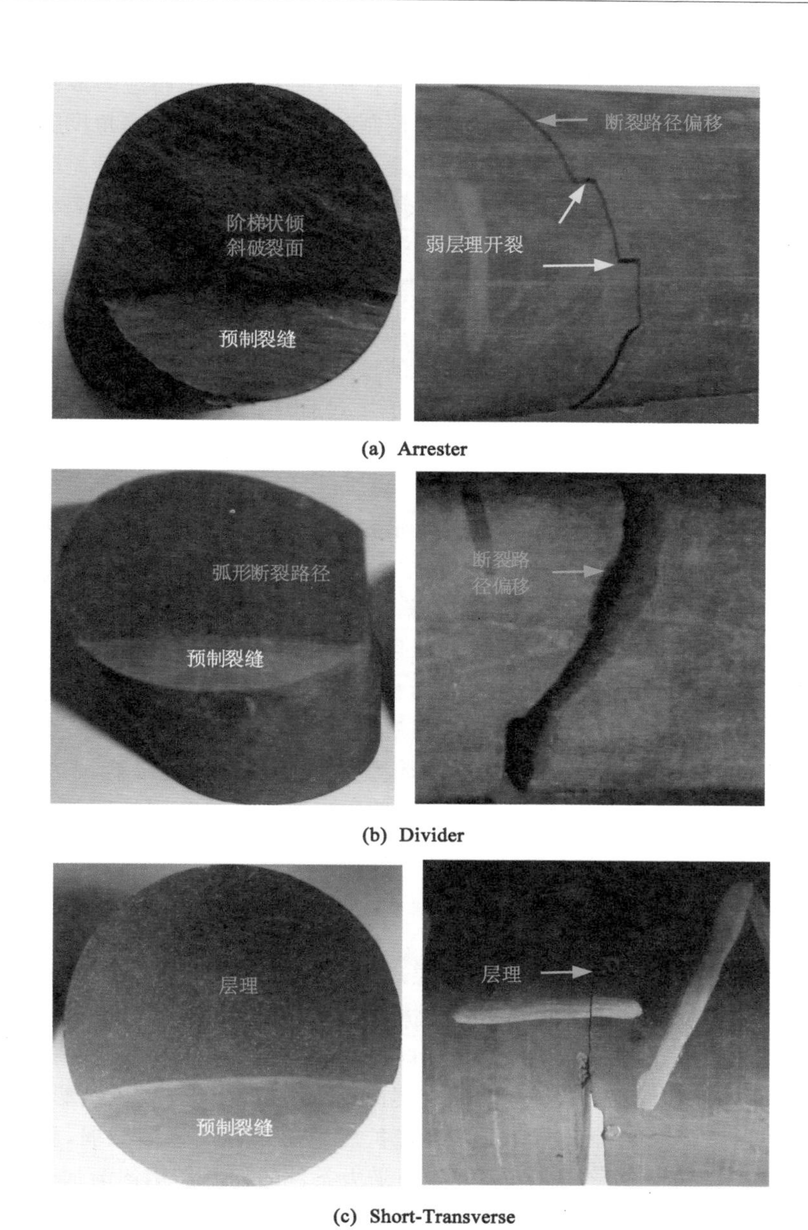

图 5-17 切口与层理呈不同方位时页岩裂缝的扩展路径与断面形态图

对裂缝垂直层理但扩展方向沿层理的 Divider 方位试样，裂缝自切口根部起裂后，并没有完全沿最大拉应力方向扩展，而是与最大拉应力成一定角度扩展，该夹角使裂缝在扩展初期即偏离预制裂缝方向，但该偏离角度随裂缝的扩展逐渐减小，即裂缝在扩展的过程中逐渐转向最大拉应力方向。这表明裂缝扩展的过程中不仅出现了张拉破裂，还出现了剪切破裂，层理对裂缝的扩展仍有较大影响，层理诱导的剪切作用使裂缝在扩展的过程中逐渐发生转向，使偏离角度逐渐减小。在裂缝接近试样表面时，几乎转向至最大拉应力方向，并垂直止裂于试样表面，试样完全断裂。断裂后的试样形成了由陡至缓逐渐偏移的弧形扩展路径，这表明裂缝在扩展的过程中应力的控制作用逐渐增强，而层理的控制作用相对有所减弱，且裂缝扩展过程中剪切作用逐渐减弱。但试样的断裂面较光滑，没有明显观察到层理开裂现象，这进一步表明沿 Divider 方位扩展的裂缝不容易诱导弱层理的开裂。

对裂缝扩展方向沿层理的 Short-Transverse 方位试样，裂缝自切口尖端起裂后，沿某一层理继续扩展，直至完全断裂，断裂路径为层理，断裂面为层理面，较光滑平整，没有发生任何偏移现象。这表明裂缝沿 Short-Transverse 方位扩展时，层理的控制作用更明显。断裂后的试样形成了较平直的扩展路径，扩展路径为层理面，且试样几乎断裂为相等的两部分，断裂面为页岩层理面，较平整光滑，且能清晰地观察到笔石和放射虫等化石。

由此可知，页岩断裂韧性的大小不仅受裂纹扩展路径的影响，还受层理面与最大拉应力方向竞争开裂的影响。为进一步分析页岩断裂韧性各向异性的主要原因，深入探究其断裂机制的各向异性至关重要。

5.2.7 页岩断裂机制的各向异性

由上面的分析可知，当裂缝垂直层理扩展时，存在裂缝扩展方向垂直层理和沿层理的 Arrester 和 Divider 两种情形。裂缝沿 Arrester 方位扩展时，更容易出现弱层理开裂和裂缝的垂直转向，层理和受力条件对裂缝的控制作用均比较明显；而裂缝沿 Divider 方位扩展时，受张-剪复合破裂机制影响，裂缝呈弧形扩展路径，断裂面较光滑，且裂缝扩展中剪切作用逐渐减弱，张拉作用逐渐增强，层理的控制作用逐渐减弱，而受力条件的控制作用逐渐加强。当裂缝沿层理扩展时，破裂面较单一，为层理面，这表明层理对裂缝的控制作用更明显。由于裂缝沿不同层理方位扩展时，层理和受力条件对裂缝控制程度不同，使裂缝的扩展速度有所降低，尤其是裂缝垂直层理扩展时，这种效应更加明显。这种裂缝扩展速度降低而诱导的增韧效应是不同层理方位断裂韧性表现出明显各向异性的根本原因。

通过对页岩三点弯曲断裂时切口与层理的相对方位、裂缝扩展路径和断裂面形态进行分析,可以发现断裂韧性的各向异性主要是由不同层理方位页岩裂纹在扩展过程中韧化效应的各向异性引起的。对层状页岩,裂缝沿不同层理方位扩展时,其主要的增韧机制有三种:分层剥离、断裂路径偏移和弱层理开裂。当三种增韧机制同时存在时,韧化效应最明显,断裂韧性最大,阻止裂缝扩展的能力最强,裂缝易发生转向、层理开裂等复杂扩展行为;而当增韧机制很少或没有时,很弱或几乎没有韧化效应,断裂韧性较小,裂缝最易扩展,且扩展路径较单一、平直。对试验测试的三种切口与层理方位试样,均没有观察到层理面的分层剥离现象,但弱层理开裂和断裂路径偏移却引起了断裂韧性的各向异性。Arrester 方位试样裂缝扩展中出现了断裂路径偏移和弱层理开裂两种增韧机制,断裂韧性最大,裂缝扩展路径最复杂;Short-Transverse 方位试样无任何增韧机制,且层理为薄弱面,阻止裂缝扩展能力最弱,断裂韧性最小,裂缝扩展路径也最简单;Divider 方位试样裂缝扩展过程中出现了断裂路径偏移这一增韧机制,韧化效应明显,这是该方位断裂韧性较高的主要原因,裂缝扩展中易剪切转向。

对层理与切口呈 Arrester、Divider 方位页岩试样在断裂过程中出现的断裂路径偏移,尤其是裂缝的弧形扩展路径,表明裂缝在延伸的过程中不仅出现了张拉裂缝的失稳扩展,还出现了剪切裂缝的失稳扩展,而裂缝的剪切扩展使裂缝在延伸的过程中不断发生断裂路径偏移,进而引起了页岩断裂时的韧化效应,引起断裂韧性的增大。总之,对层理与切口呈 Arrester、Divider 方位的页岩试样,裂缝在扩展过程中出现了张-剪复合断裂,这也可能是该两种相对方位下断裂韧性相对较大的重要原因。

相反,页岩抗拉强度的各向异性则主要受层理面的弱胶结强度影响,而几乎不受另外两种以能量耗散为主要特征的韧化机制的影响,这是因为强度本身并不是一种能量属性。至此,也就可以理解为什么大部分层状结构材料的断裂韧性各向异性一般要强于抗拉强度的各向异性。

对层状页岩,当裂缝垂直层理扩展时,有学者也通过不同方法观察到了相似的裂缝扩展路径[63,170],如图 5-18 和图 5-19 所示。

由图 5-18 可知,对 Arrester 方位页岩试样,裂缝甚至可能在预制裂缝尖端处沿垂直切口的层理起裂并沿层理继续扩展,但扩展过程中受三点弯曲诱导的拉应力作用,裂缝会分叉或垂直转向至最大拉应力方向继续扩展,且在继续扩展的过程中会再次发生因弱层理开裂而诱导的垂直转向或断裂路径偏

(a) Marcellus页岩Arrester方位裂缝扩展路径图[63]

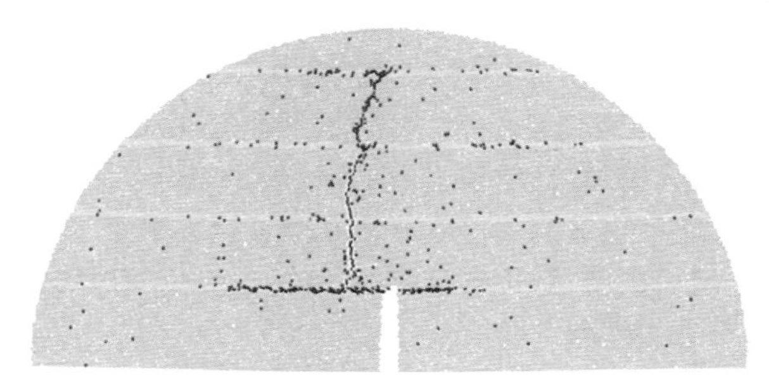

(b) 数值模拟观察到的Arrester方位裂缝扩展路径图[170]

图 5-18　Arrester 方位页岩试样的裂缝扩展形态图

移,从而形成复杂弯曲的扩展路径。裂缝扩展过程中的弱层理开裂和断裂路径偏移再次表明:对 Arrester 方位试样,层理和受力条件对裂缝的控制作用均比较明显,而该方位试样较高的断裂韧性[155,171]也再次验证断裂路径偏移和弱层理开裂两种增韧机制的共同作用使沿该方位断裂韧性较大,裂缝扩展路径较复杂,且会明显降低裂缝的扩展速度。此外,Arrester 方位试样的裂缝扩展中也再次观察到较明显的最大拉应力与层理,甚至是裂缝间的竞争起裂与扩展行为。

由图 5-19 可知,对 Divider 方位页岩试样,与本研究取自同一采样地点的龙马溪页岩在裂缝起裂后也出现了明显的断裂路径偏移,而后在三点弯曲诱导的拉应力作用下,裂缝逐渐转向最大拉应力方向扩展,形成张-剪复合破裂的弧形扩展路径。为了更清楚地识别 Divider 方位裂缝扩展过程中的断裂路径偏移,不同学者通过光学显微镜[68]和光学数字图像相关技术[171]进一步观测了裂缝扩展过程中的断裂路径偏移现象,但均没有发现裂缝扩展诱导的弱

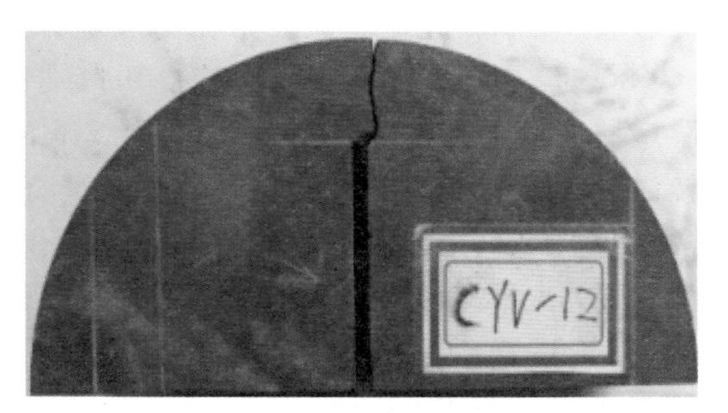

(a) 龙马溪页岩Divider方位裂缝扩展路径图[68]

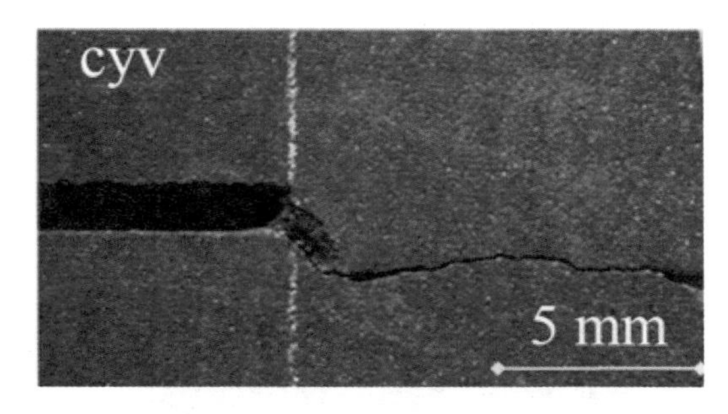

(b) 龙马溪页岩Divider方位裂缝扩展路径细观展示图[68]

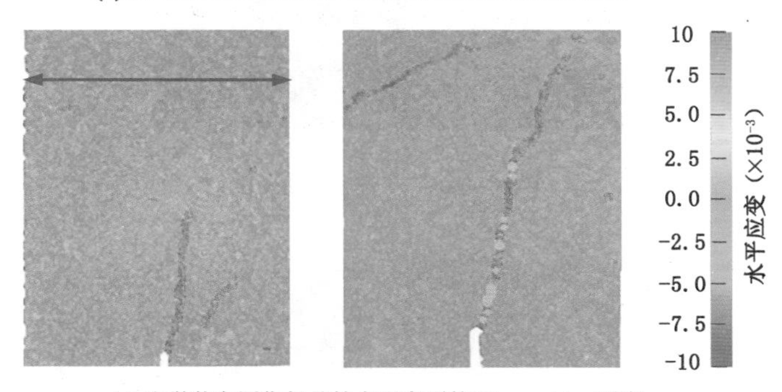

(c) 光学数字图像相关技术观察到的Kimmeridge页岩Divider方位裂缝扩展路径图[171]

图5-19　Divider方位页岩试样的裂缝扩展形态图

层理开裂。这再次表明Divider方位裂缝扩展时，断裂路径的偏移由陡逐渐减缓，应力条件的控制作用逐渐加强，而层理的控制作用逐渐减弱，断裂路径偏移是该方位断裂韧性较高的主要原因。但该方位裂缝的扩展路径也相对较简单，扩展机制为弧形的张-剪复合断裂。

此外,当切口与层理成一锐角时,裂缝扩展路径受层理方位的影响较大。当裂缝与层理的夹角为30°时,如图5-20所示,裂缝自切口端部起裂后,逐渐转向层理扩展,但沿层理扩展一定距离后,在三点弯曲荷载诱导的最大拉应力作用下,裂缝又逐渐转向最大拉应力方向扩展,直至近似垂直止裂于试样表面,这与Divider方位裂缝的弧形扩展路径不同,扩展机制由沿层理的张-剪破裂逐渐变为贯穿层理的张拉破裂,层理和应力对裂缝的控制作用均较明显。Dou等[96]通过矩形截面梁形试样的三点弯曲试验也得出了相似的裂缝扩展路径,如图5-21(b)所示。但当裂缝与层理的夹角为60°时,如图5-21(a)所示,虽然裂缝扩展过程中有向层理转向的趋势,但总体上仍沿最大拉应力方向扩展,层理对裂缝扩展的影响较弱,而应力对裂缝的扩展起主控作用。总之,当裂缝与层理成一锐角扩展时,夹角越小层理的控制作用越明显,而夹角越大应力的控制作用越明显,层理和受力条件仍是控制裂缝扩展路径的主要因素,但裂缝形态及扩展路径均较垂直层理时简单。

图5-20　切口与层理成30°角页岩的裂缝扩展形态图

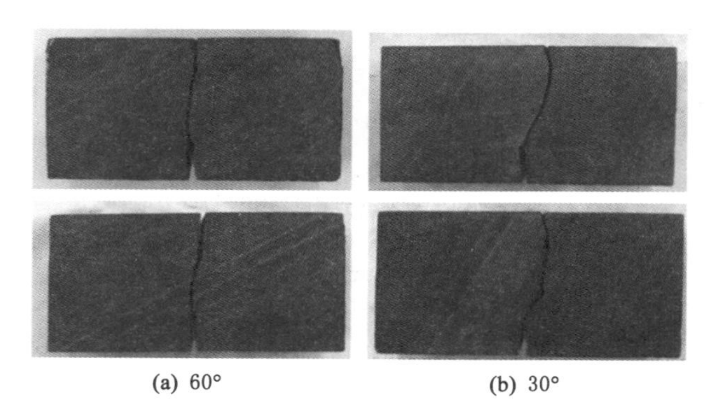

图5-21　切口与层理成60°和30°角页岩的裂缝扩展形态图[96]

5.3 张拉作用下页岩断裂行为各向异性的进一步认识

张拉断裂是页岩水力压裂过程中最基本的断裂模式之一，认识层理方位对张拉裂缝扩展演化的影响对进一步深入揭示“体积压裂”时网状裂缝的形成机理具有重要意义。本书旨在通过目前常用的试验方法初步探讨张拉作用下页岩层理方位对裂缝起裂和扩展演化的影响，但试验后发现采用常规试验方法分析层状页岩裂缝的扩展演化时均存在一定的缺点，使裂缝的起裂和扩展机制异常复杂，且张拉和剪切破裂在裂缝的扩展中往往相互共存、此消彼长，共同控制裂缝的扩展演化路径。

目前，能诱导岩石张拉破裂的基本试验方法有三点弯曲法、巴西劈裂法和直接拉伸法。三点弯曲法虽然获得的岩石抗拉强度误差较大，但其能最直观地观察裂缝的扩展演化过程，在探讨层理方位对张拉裂缝扩展演化的影响方面有先天优势。目前，多位学者都通过三点弯曲法探讨了页岩层理方位对断裂韧性的影响，但多局限在 Divider、Arrester 和 Short-Transverse 三种典型方位上，且主要关注层理方位对断裂韧性的影响。通过本章及相关研究[66]发现，张拉条件下裂缝扩展中出现的弱层理开裂和断裂路径偏移是诱导页岩裂缝形态复杂的主要原因，且其作为两种主要的韧化机制使页岩 Arrester 和 Divider 方位断裂韧性较高，阻止裂缝扩展的能力较强。当张拉裂缝沿 Arrester 方位扩展时，不仅会出现弱层理开裂，还会出现断裂路径偏移，这在一定程度上会增加材料的韧性，降低裂缝的扩展速度，使裂缝在扩展中出现弱结构面开裂、裂缝转向和分叉等复杂扩展行为，进而使裂缝的扩展形态变得异常复杂，但这却对页岩的体积改造极为重要。当裂缝沿 Divider 方位扩展时，虽然传统上认为层理对裂缝的扩展没有影响或影响可以忽略，但试验中却发现了明显的断裂路径偏移，且巴西劈裂时也观察到了类似的现象[图 5-5(a)和图 5-8]，这表明层理对该方位裂缝的扩展仍有较大影响。实际上，这是因为我们传统上习惯把裂纹的扩展问题当作二维问题来处理，而裂纹的扩展却是一个三维问题(图 5-22)，这就会带来较大的误差。由图 5-22 可以看出，当层理平行 xOz 平面时，对一个垂直层理的椭圆形裂缝，假设裂缝的长轴和短轴方向分别沿 y 轴和 z 轴方向，缝宽沿 x 轴方向，裂缝在扩展的过程中，不仅沿其长轴方向会扩展，沿其短轴方向也会扩展，这就是裂缝缝长和缝高的自相似扩展。当裂缝沿垂直方向扩展时，沿缝长方向为 Arrester 方位裂缝，而沿缝高方向为 Divider 方位裂缝；反之，当裂缝沿水平方向扩展时，沿缝长方向为

Divider 方位裂缝，而沿缝高方向为 Arrester 方位裂缝。也就是说，从三维空间来看，垂直层理扩展的裂缝既沿 Arrester 方位扩展，也沿 Divider 方位扩展，沿垂直方向扩展时以 Arrester 方位裂缝扩展为主，而沿水平方向扩展时以 Divider 方位裂缝扩展为主。虽然缝高方向的扩展起次要作用，如巴西劈裂条件下，平常较少考虑，但其仍对缝长方向的扩展能带来一定影响，这也就能解释为什么三点弯曲和巴西劈裂时 Divider 方位扩展的裂缝也受层理的影响而产生扩展路径的偏移。此外，由于传统三点弯曲法很难获得切口与层理成任意角度的长圆柱形或矩形截面梁形直切口试样，使得其在探讨层理方位对张拉裂缝的扩展时存在较大的局限性。然而，半圆盘三点弯曲法却可以克服这方面的缺点，是分析层理方位对张拉裂缝扩展影响的有效途径，也是我们目前重点的研究内容之一。

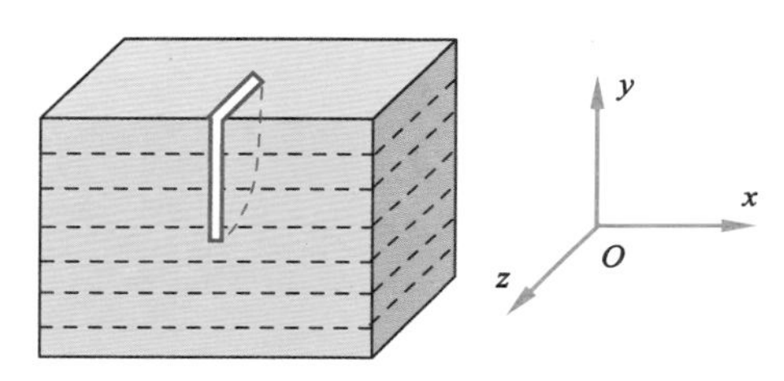

图 5-22　三维空间内层理与裂缝的相对方位图

巴西劈裂法由于试样加工的方便性和测试方法的简单性，在岩石力学试验中被广泛采用。但是通过相关研究发现，对层状页岩，巴西劈裂时层理方位对裂缝的起裂点、起裂机制、扩展路径和扩展机制等影响极大，表现出明显的各向异性和不确定性。即使相同的试样，不同学者的研究结果也具有明显的差异性，甚至同一批测试中也会得出不同或相反的结论，这给裂缝的扩展演化分析带来了极大的困难。本书的研究结果表明，即使过去认为层理对裂缝扩展影响最小的横观各向同性(Divider)方位[图 5-5(a)]，裂缝也自加载鄂处起裂，且在扩展过程中出现了明显的转向现象，这说明剪切作用在裂缝的起裂和扩展中均起着比较重要的作用。除 $\theta=0^{\circ}$时层理对裂缝的起裂和扩展的控制作用较明显，使裂缝沿层理起裂和扩展，断裂路径较平直外，其他方位的裂缝均呈现出明显的断裂路径偏移，这意味着巴西劈裂法分析得到的裂缝扩展演化特征实际上大多是张-剪复合裂缝的扩展。但是，张拉和剪切作用的占比又随扩展路径的变化不断变化，很难用试验方法准确确定张拉和剪切破裂在裂缝扩展中的控制比例，而巴西劈裂时裂缝极快的扩展速度又使其更加困难。

因此,我们只能探讨巴西劈裂条件下层理方位对裂缝扩展演化的影响,而不能简单地将该裂缝视为张拉裂缝。然而,通过分析发现,半圆盘三点弯曲法仍可以克服巴西劈裂时不同层理方位裂缝起裂和扩展机制的复杂性。

直接拉伸法是分析层理方位对张拉裂缝扩展演化影响的最直接的方法之一,但由于直接拉伸时试样需要与拉伸接头间用高强度的黏结剂连接,且连接后试样的轴心必须与施加的拉力同轴心,否则将出现偏心拉伸,而偏心拉伸诱导的拉-弯作用将使试样在连接处附近极易因张拉作用而断裂,这为准确分析层理方位对张拉裂缝的扩展带来了一定的困难。目前,仅 Jin 等[39]采用狗骨形试样通过直接拉伸法分析了 Marcellus 页岩断裂路径的层理方向效应,指出当沿层理和垂直层理拉伸时,断裂路径较平直,均垂直拉伸方向;当倾斜层理拉伸时,易形成沿层理的倾斜断裂路径,而当层理与拉伸方向夹角较小时,虽然断裂路径仍为倾斜状,但层理和基质体的相互作用较复杂。此外,由于页岩脆性较强,张拉裂缝扩展的速度极快,而直接拉伸时可能更加快了裂缝的扩展速度,因此,直接拉伸法在分析岩石类材料的裂缝扩展演化方面应用极少。

5.4　本章小结

本章通过巴西劈裂法和三点弯曲法系统研究了不同层理方位页岩在张拉作用下裂缝的起裂与扩展演化形态,探讨了裂缝扩展过程中破裂机制的演化规律及其层理方向效应,为进一步分析剪切及张-剪条件下甚至水力压裂条件下裂缝的扩展演化机制提供了理论基础。获得的主要认识有:

(1) 层理对页岩的巴西劈裂抗拉强度具有较大影响。平行层理圆盘试样的抗拉强度最大,即页岩基质体的抗拉强度最大,为 13.683 MPa。而对垂直层理圆盘试样,层理角度对抗拉强度的影响较大,当加载方向沿层理时,抗拉强度最小,即层理的抗拉强度最小,为 4.296 MPa;当加载方向垂直层理时,抗拉强度相对较大,仅次于基质体的抗拉强度,为 9.942 MPa;而当加载方向与层理间的夹角在 0°～90°时,页岩抗拉强度较接近于垂直层理方向的抗拉强度。总体上,随层理角度的增加,页岩抗拉强度并没有表现出相对单调的变化规律,这可能与横观各向同性材料不同方向圆盘试样的应力分布特征较复杂且劈裂破坏时并非沿圆盘中心破裂有关。巴西劈裂时,页岩破坏机制可分为三种类型,表现出了明显的各向异性特征。对平行层理圆盘试样,破裂机制为基质体主控的张拉劈裂破坏,层理面的存在对该方位页岩劈裂破坏的影响最小。对垂直层理圆盘试样,层理角度 0°页岩为层理面主控的沿层理的张拉劈裂破坏；30°、45°和60°为基质体和层理面共同控制的贯穿层理和沿层理的张-剪复合破坏；90°为基质体和层理面共同控制的贯穿层理和沿层理的张拉破坏。对垂直层理圆盘试样，无论哪种破坏机制，层理面均起到了重要作用。

(2) 巴西劈裂条件下，不同层理方位页岩裂缝的起裂点较复杂，很难对其进行准确确定，但主要集中在加载鄂和圆盘中心处。沿加载鄂起裂的裂缝，其扩展路径一般呈弧形或直接沿层理剪切滑移；在加载鄂附近，剪切破裂起主控作用，而在圆盘中心附近，张拉破裂起主控作用，张拉和剪切作用的此消彼长，共同控制裂缝的扩展演化形态，但裂缝扩展中多伴随层理的剪切滑移。仅沿层理加载时观察到自圆盘中心起裂的张拉裂缝，该裂缝沿层理继续扩展，直至完全断裂，没有发生扩展路径偏移，破裂机制为层理主控的张拉破裂。巴西劈裂时，裂缝的起裂点、起裂机制、扩展路径和扩展机制等受层理方位影响较大，且裂缝的剪切起裂现象普遍存在，这为分析张拉裂缝的扩展演化带来极大困难。而半圆盘三点弯曲法可克服不同层理方位页岩裂缝起裂点和起裂机制的复杂性，是分析层理对张拉裂缝扩展演化影响的有效途径之一。

(3) 各向异性材料初始裂纹的产生和扩展很复杂，裂纹在扩展的过程中具有较明显的自相似性和非自相似性(不沿裂纹面和裂纹方向扩展)。材料的各向异性不仅影响裂纹尖端应力场和位移场的分布，还影响应力场的强度和位移场的大小。各向异性材料裂纹尖端的应力场和位移场不仅由应力强度因子决定，还与弹性常数有关，这与各向同性材料不同。

(4) 页岩三点弯曲试样切口与层理呈 Arrester、Divider 和 Short-Transverse 三种相对方位时，页岩断裂韧性在 Arrester 方位时最大，在 Short-Transverse 方位时最小，且最大值与最小值之比为2.025，各向异性显著。而 Divider 方位时的断裂韧性略小于 Arrester 方位，但远大于 Short-Transverse 方位，这说明页岩层理阻止裂纹扩展的能力较弱，水力裂缝沿层理较易扩展延伸，而当主裂缝垂直层理扩展时受到的阻力相对较大，可能会发生转向现象。

(5) 对层状页岩，当张拉裂缝沿 Arrester 方位扩展时，会出现弱层理开裂和断裂路径偏移，层理和受力条件对裂缝的控制作用明显；当张拉裂缝沿 Divider 方位扩展时，会出现断裂路径偏移，层理仍对裂缝的扩展起一定的控制作用；而当张拉裂缝沿 Short-Transverse 方位扩展时，断裂路径为层理，断裂面为层理面，较平直、光滑，没有裂缝转向现象。层状材料断裂韧性的各向异性主要由裂纹扩展过程中韧化机制的各向异性引起的。弱层理面开裂、断裂路径偏移和分层剥离是层状材料的三种主要韧化机制，而对页岩，弱层理开裂和断裂路径偏移能在一定程度上降低裂缝扩展速度，降低脆性而增加韧性，是引起页岩断裂韧性各向异性的主要原因。两种增韧机制的同时出现使Arrester方位断裂韧性最大，阻止裂缝扩展的能力最强，裂缝易发生转向、分叉和弱层理开裂等复杂扩展行为；断裂路径偏移使Divider方位断裂韧性较大，阻止裂缝扩展的能力也较强，裂缝易出现剪切转向行为；Short-Transverse方位层理的弱抵抗作用使其断裂韧性最小，阻止裂缝扩展的能力最弱，裂缝在扩展中易转向层理扩展。

（6）Divider方位张拉裂缝扩展中的断裂路径偏移是层理控制作用的直接表现。传统上，由于习惯将裂缝的扩展问题视为二维问题，忽视了层理对Divider方位裂缝扩展的影响。而实际上裂缝的扩展是一个三维问题，裂缝扩展中缝长方向为Divider方位裂缝时，其缝高方向为Arrester方位裂缝。虽然缝高方向的扩展速度较缝长方向慢，但其仍会对裂缝的扩展路径产生一定影响，而层理对缝高方向的影响是Divider方位张拉裂缝扩展路径偏移的主要原因。

（7）张拉裂缝自层理起裂后，一般易沿该层理继续扩展，但一定的应力条件仍能促使其转向。张拉裂缝垂直层理或与层理成一定角度扩展时，易发生裂缝的分叉、转向和弱层理的张拉或剪切开裂等复杂扩展行为，一般能形成相对较复杂的裂缝形态。裂缝的复杂扩展行为与受力条件、裂缝与层理的相对方位直接相关，层理和受力条件对裂缝的扩展起主控作用。

第6章　剪切作用下页岩断裂行为的各向异性特征

第4章和第5章详细介绍了压缩和张拉作用下页岩力学性质、强度特征和断裂行为的各向异性特征，研究发现层理对页岩的抗压强度、抗拉强度、断裂韧性和弹性模量等都有较大影响，表现出明显的各向异性特征，这对我们进一步认识层理对复杂裂缝扩展形态和断裂行为的控制机制极为重要。然而，页岩复杂网状裂缝在非平面、非对称、多分支的扩展过程中往往伴随有张拉、剪切、滑移及错断等复杂力学行为[1]，而剪切、滑移和错断对水力主裂缝沟通层理或天然裂缝形成复杂次生裂缝等起着至关重要的作用。因此，深入认识层理对页岩剪切断裂行为的控制机制对进一步探讨复杂网状裂缝的形成机理及调控方法具有重要的指导作用。

针对层理诱导下页岩抗剪强度和剪切断裂行为的各向异性特征，本章通过直剪试验系统研究了不同法向应力下不同层理方位页岩抗剪强度、断裂行为和断裂机制的各向异性特征，并系统探讨了直剪过程中雁列状裂缝成核、扩展、连接及贯通后形成宏观剪切裂缝的力学机制及其层理方向效应。

6.1　直剪条件下页岩抗剪强度的各向异性特征

通过不同层理方位页岩的巴西劈裂和三点弯曲试验可知，层理和剪切断裂在张拉作用下裂缝的扩展形态、转向行为和复杂裂缝形态的产生中起着至关重要的控制作用，而裂缝的剪切断裂行为也受层理方位的影响和控制，因此，必须系统研究剪切条件下页岩抗剪强度、剪切断裂行为和断裂机制的各向异性。

6.1.1　不同层理方位页岩试样的加工制备

直剪试验采用直径 50 mm、长度 100 mm 的圆柱形标准试样。试样加工时，为了解层理方位对裂缝扩展演化及空间展布形态的影响，取心方向与层理法线方向的夹角 α 依次取 0°、30°、60°和 90°。为保证试验结果的准确性和可对比性，试样加工误差控制在±0.50 mm，端面平行度为±0.02 mm，且严格保证层理方位和钻取方向的准确性。加工好的部分页岩直剪试样如图 6-1 所示。

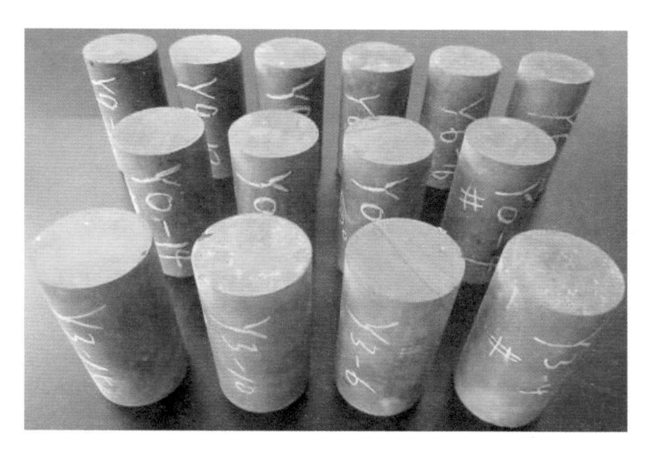

图 6-1　加工好的部分页岩直剪试样

试验前，为防止试样内发育的微裂缝或石英、长石矿脉等非均质性给测试结果带来一定误差，首先通过声波测试仪剔除纵波波速异常的试样。试验时，保证每组试验至少成功 3 个试样，并求取平均值。制备好的试样仍迅速用聚氯乙烯薄膜密封，以避免试样在保存和运输的过程中由于碰撞、风化和干湿循环等诱发的层理开裂和试样损伤。

6.1.2　直剪试验方案

直接剪切试验，简称直剪试验，是确定岩石抗剪强度、黏聚力和内摩擦角最简单直接的方法。但其有明显的缺陷，如剪切过程中弯矩作用引起的主应力旋转；剪切面上剪应力分布不均匀，剪应力集中现象明显；剪切破裂面限定在上、下盒之间的平面，而不是试样的最薄弱面等。但正是由于剪切面固定和其受力状态易确定，直剪试验仍成为岩石力学试验中最常用的一种测试方法。尤其在岩石节理、地质不连续面、岩石界面和层状岩体等特定剪切面剪切力学性质确定中经常用到。本书正是利用直剪过程中剪切面和其受力状态固定这一特点，分析了页岩层理方位对抗剪强度、剪切裂缝扩展演化规律等的影响。

直剪试验是在中国科学院武汉岩土力学研究所自行研制的 RMT-150C 岩石力学试验系统上进行的。该试验系统为数字控制式电液伺服试验机，垂向最大输出荷载为 1 000 kN，水平最大输出荷载为 500 kN，垂直和水平位移为 50 mm，能施加的最大围压为 50 MPa，主要用来进行岩石或混凝土类材料的单轴及三轴压缩、单轴间接拉伸和直剪试验。试验时，该试验系统可全程自动记录法向力、剪切力、法向位移和剪切位移等数据。直剪时试样的层理方位、剪切方向及受力情况等如图 6-2 所示。

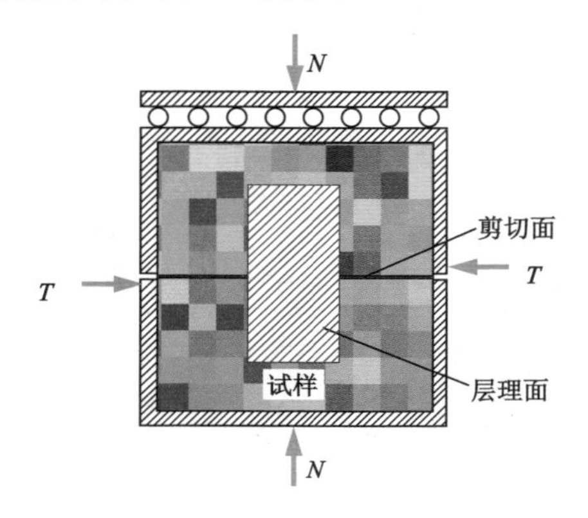

图 6-2　直剪试验时页岩受力及层理方位示意图

在进行不同层理方位页岩试样的剪切试验时，为探讨层理方位对剪切裂缝扩展演化的影响，要保证层理和试样端面的交线始终与剪切方向垂直，且主要研究层理与剪切力所成夹角不大于 90°时的情形。

直剪试验时，页岩层理方位和剪切力的相对关系如图 6-3 所示。

图 6-3 中，定义剪切力到层理的夹角 β 为剪切角，本次试验时剪切角 $0°\leqslant\beta\leqslant 90°$，且当剪切角 $\beta\leqslant 90°$时，剪切角 β 与取心角度(层理角度)α(取心方向与层理的夹角)互余，即 $\alpha+\beta=90°$，试验时试样均左旋剪切。

直剪时，试样所受的法向正应力 σ_n 和剪应力 τ 可分别表示为：

$$\begin{cases}\sigma_n=\dfrac{N}{A}\\[2ex]\tau=\dfrac{T}{A}\end{cases}\tag{6-1}$$

式中，N 为试样所受的法向压力，kN；T 为试样所受的剪切力，kN；A 为试样沿剪切方向的有效剪切面积，m^2。

由于单轴压缩时层理角度 30°页岩试样易沿层理剪切滑移，使其抗压强度远小于层理角度 0°、60°和 90°页岩的值[47]，因此，直剪试验时，30°试样的法向应力 σ_n 依次设置为 5 MPa、12.5 MPa、20 MPa 和 27.5 MPa，而其他层理方

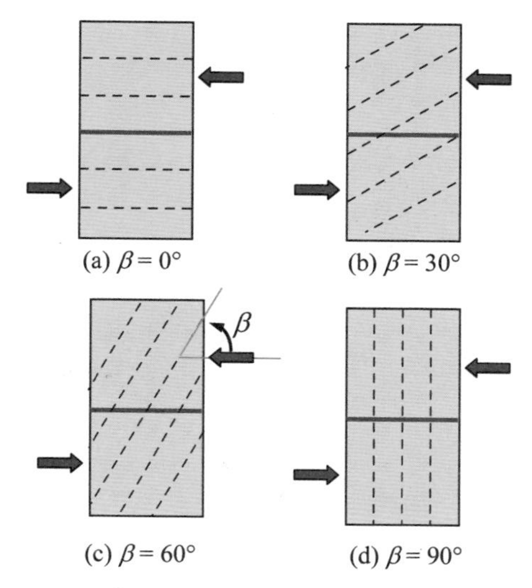

图 6-3　页岩直剪过程中层理与剪切力的相对方位示意图

位试样的 σ_n 依次设置为 12.5 MPa、25 MPa、37.5 MPa 和 50 MPa。试验时，法向压力 N 按 1 kN/s 的速率加载至预定值后保持其恒定，而后以水平剪切位移控制模式逐渐施加剪切力 T，加载速率为 0.002 mm/s，待剪切应力降至残余摩擦阶段时停止试验。

6.1.3　页岩抗剪强度的各向异性特征

不同层理方位页岩在不同法向力作用下剪应力-剪切位移的关系曲线如图 6-4 所示。

由图 6-4 可知，页岩的剪切破坏表现出明显的脆性特征，层理角度 0°、30° 和 60°页岩的剪应力-剪切位移曲线总体变化趋势相同，其基本特点是：

(1) 加载初期，曲线斜率较小，剪切位移增加较快而剪应力增加缓慢，当剪切位移增加到一定值后曲线斜率明显上升。这是由于剪切盒与页岩试样之间、页岩试样内部等有一定的间隙或微裂隙，初期的剪应力对这些间隙起到了压密作用。

(2) 当剪切位移增大到一定值后，曲线斜率明显增大，剪切位移的增加变得缓慢，而剪应力的增加迅速，剪应力-剪切位移曲线存在一个明显的转折点。这一阶段试样内开始产生张拉裂纹，但张拉裂纹的方向并不是沿剪切面，而是沿层理面。在剪应力接近峰值强度时，曲线逐渐由陡变缓而达到峰值强度，此阶

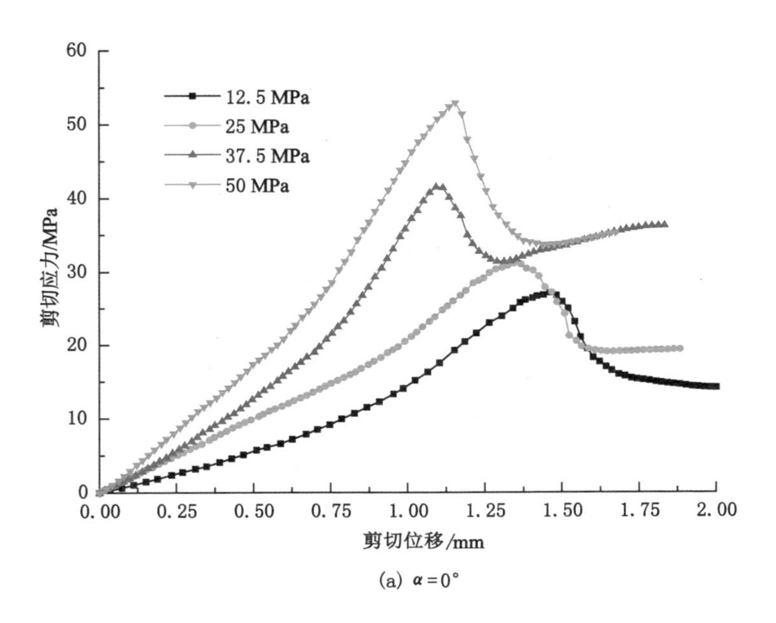

(a) $\alpha=0°$

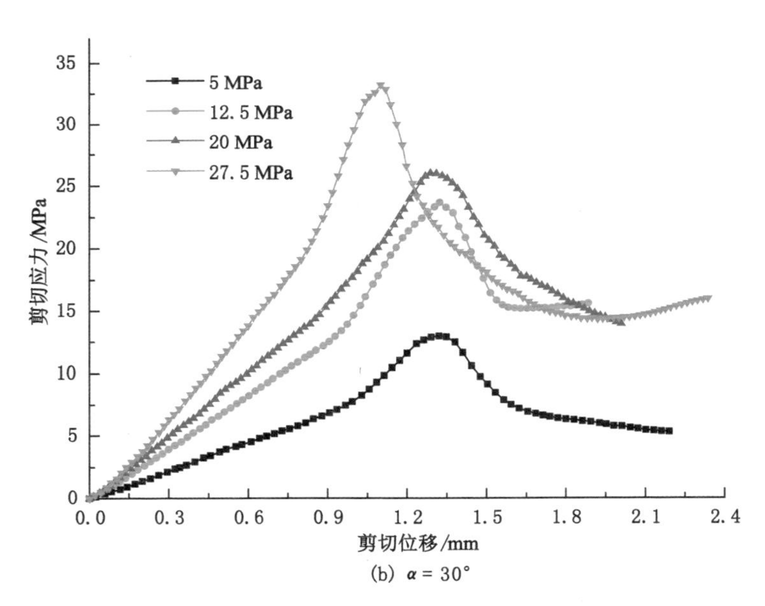

(b) $\alpha=30°$

图 6-4　不同法向应力下不同层理方位页岩的剪应力-剪切位移曲线

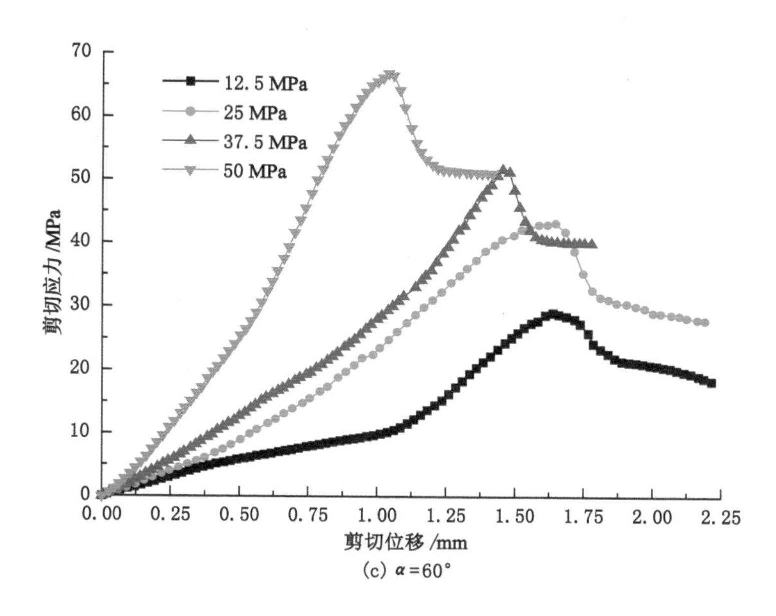

(c) $\alpha=60°$

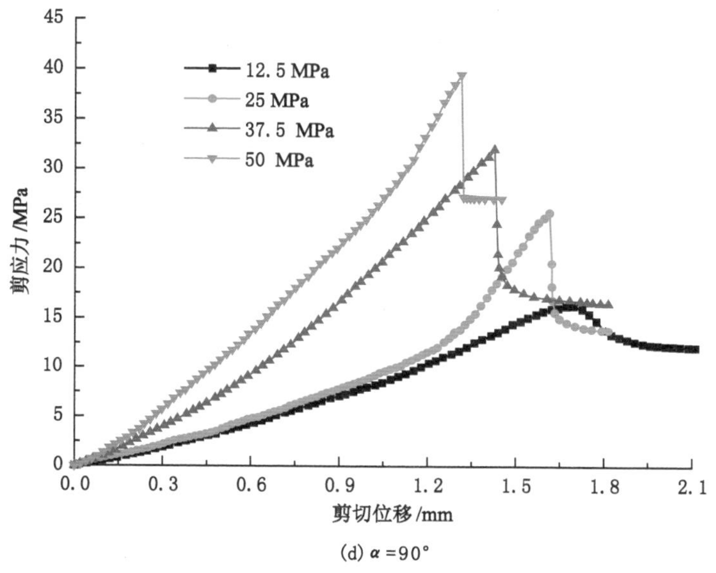

(d) $\alpha=90°$

图 6-4(续)

段试样产生了不可逆的塑性变形，但由于其变形量较小，页岩脆性特征较明显。

(3) 达到峰值强度后，曲线斜率由正变负，剪应力急剧下降，产生了应力跌落现象。当剪应力下降到一定程度后，曲线斜率突然变平缓，随剪切位移的继续增加剪应力逐渐进入残余强度阶段，此阶段剪应力表现出了岩石剪切破坏滑动时的共同特征——剪切强度的滑动弱化现象。而剪应力在峰值强度后的迅速跌落现象进一步说明了页岩剪切破坏时明显的脆性破坏特征。

而层理角度为90°的页岩在直剪时测试的为层理面的剪切力学参数，故表现出了明显不同的变化趋势。在法向应力为12.5 MPa时，整个剪应力-剪切位移曲线相对较光滑，没有明确的应力跌落现象，峰值强度略高于残余摩擦强度，这可能主要是由于层理面为页岩地层的薄弱面，其强度较低引起的。而当法向应力为25 MPa、37.5 MPa和50 MPa时，页岩在达到峰值强度后出现了明显的应力跌落现象，甚至在法向应力为50 MPa时出现了剪应力直接跌落至残余强度的现象，这说明在剪应力作用下层理面间的黏结力是在滑动失稳时突然释放的，也进一步说明了层理面为页岩地层的薄弱面，其抗剪强度较低。总体上，随着法向应力的增大，剪应力跌落幅值逐渐增大。对层理角度为90°的页岩，由于剪切破裂面为层理面，其剪应力-剪切位移曲线近似垂直跌落，表现出了与0°、30°和60°页岩明显不同的特征。

不同层理方位页岩在不同法向应力下的直剪试验结果见表6-1。

表6-1　不同法向应力下不同层理角度页岩的直剪试验结果

α/(°)	试样编号	剪切面积/mm^2	法向力/kN	法向应力/MPa	峰值剪切力/kN	峰值剪应力/MPa	残余剪切强度/MPa
0	Y0-15	1 923. 761	24.047	12.5	51.815	26.934	14.256
	Y0-24	1 922.760	48.069	25	59.913	31.16	19.353
	Y0-5	1 897.930	71.172	37.5	79.220	41.74	31.352
	Y0-9	1 907.222	95.361	50	100.987	52.95	33.649
30	Y3-17	1 912.426	9.562	5	24.766	12.95	5.350
	Y3-16	1 907.248	23.841	12.5	45.831	24.03	14.997
	Y3-10	1 908.773	38.175	20	49.800	26.09	13.838
	Y3-15	1 916.537	52.705	27.5	63.706	33.24	14.362
60	Y6-19	1 919.352	23.992	12.5	55.865	29.106	21.028
	Y6-16	1 908.773	47.719	25	82.793	43.375	32.126
	Y6-17	1 907.222	71.521	37.5	99.576	52.21	39.226
	Y6-18	1 908.773	95.439	50	127.831	66.97	50.853

表 6-1(续)

α/(°)	试样编号	剪切面积/mm^2	法向力/kN	法向应力/MPa	峰值剪切力/kN	峰值剪应力/MPa	残余剪切强度/MPa
90	Y9-24	1 924.243	24.053	12.5	31.329	16.281	12.108
	Y9-23	1 922.426	48.061	25	49.401	25.697	13.658
	Y9-21	1 916.634	71.874	37.5	61.511	32.093	17.069
	Y9-20	1 914.983	95.749	50	77.384	40.41	27.176

直剪试验测试抗剪强度的原理是 Coulomb 定律，该定律认为在法向应力较小时，抗剪强度与法向应力近似呈线性关系，用公式表示为：

$$\tau = \sigma_n \tan \varphi + c \tag{6-2}$$

式中，c 为剪切破裂面的黏聚力，MPa；φ 为剪切破裂面的内摩擦角，(°)。

不同层理方位页岩的抗剪强度曲线和抗剪强度参数如图 6-5 和表 6-2 所示。

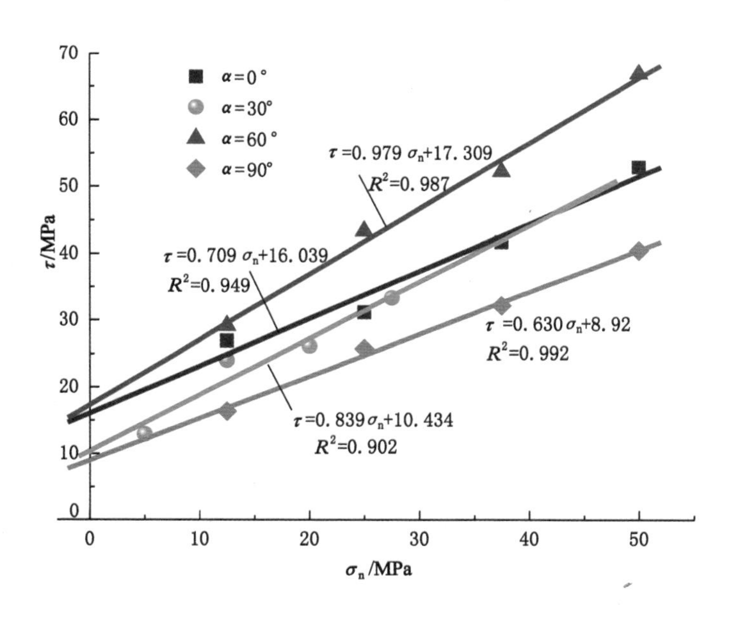

图 6-5　不同层理方位页岩的抗剪强度曲线

表 6-2　不同层理方位页岩的抗剪强度参数变化表

α/(°)	抗剪强度拟合曲线	R^2	φ/(°)	c/MPa
0	$\tau=0.709\sigma_n+16.039$	0.949	35.337	16.039
30	$\tau=0.839\sigma_n+10.434$	0.902	39.996	10.434
60	$\tau=0.979\sigma_n+17.309$	0.987	44.421	17.309
90	$\tau=0.630\sigma_n+8.92$	0.992	32.211	8.92

由图 6-5 可知，在层理影响下，页岩的抗剪强度表现出了明显的各向异性特征。在相同法向应力下，层理角度 90°页岩的抗剪强度最小，即页岩层理面的抗剪强度明显小于其他方向的抗剪强度。由表 6-2 可知，层理面的黏聚力和内摩擦角均明显小于其他层理方位页岩的剪切力学参数，这进一步说明了页岩的层理面为地层中的薄弱面，其胶结程度较弱，层理面往往会先于页岩本体破坏，这在水平井钻进时将会导致严重的井壁失稳问题，而在水力裂缝垂直层理扩展的过程中，水力裂缝可能沿层理优先起裂和扩展并在层理处转向，从而形成纵横交错的裂缝网络，提高水力压裂的效率。相同法向应力下，页岩抗剪强度的最大值在 60°时取得，而不是垂直于最小抗剪强度的 0°方向；30°页岩的抗剪强度在法向应力较小时小于 0°页岩的值，而在法向应力较大（>30 MPa）时，将大于 0°页岩。

由表 6-2 可知，90°、0°、30°和 60°页岩的内摩擦角依次增大，且 30°和 60°的明显大于 0°的值。而对黏聚力，30°页岩较接近于层理面的值，但远小于 0°和 60°的值，这可能与 30°页岩在法向力作用时易沿层理面剪切滑移，而切向力作用进一步使页岩优先沿层理面开裂，再沿剪切方向破断，与这一过程中层理面的开裂占主导作用有关。60°页岩的黏聚力略大于 0°，为 4 个层理方位中的最大值。

图 6-6 给出了不同层理方位页岩在不同法向应力下的残余抗压强度。

由图 6-6 可以看出，页岩残余抗剪强度的各向异性也很显著，且能明显观察到法向应力对残余抗剪强度的影响。层理角度 90°页岩的残余抗剪强度最小，主要是由于该方位页岩剪切时几乎完全沿层理面，剪切断裂后的滑动摩擦面比其他层理方位光滑得多。各法向应力下，层理角度 60°页岩的残余抗剪强度均最大，这与图 6-5 中观察到的峰值抗剪强度一致，其原因可能是剪切时沿层理面发生了张拉劈裂，且张拉劈裂的尺度较大，使相应的滑动摩擦面比其他方位的粗糙得多。根据 Amonton 摩擦定律[143]，残余摩擦承载力主要取决于剪切断裂时形成的破裂面的摩擦系数，以致断裂面形状和抗剪强度均受破

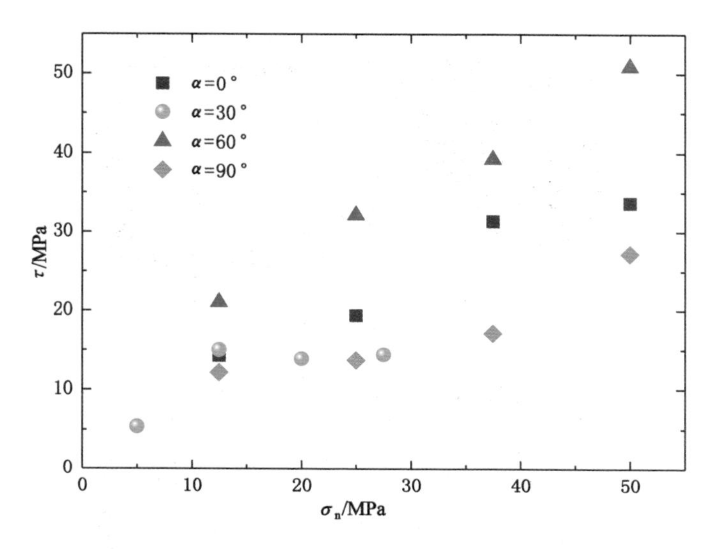

图 6-6 不同层理方位页岩在不同法向应力下的残余抗剪强度

坏机制控制，因此，在很大程度上残余抗剪强度随层理角度的变化规律与峰值抗剪强度的基本一致。

总体上，不同层理方位页岩的峰值抗剪强度、残余抗剪强度、黏聚力和内摩擦角均表现出了明显的各向异性特征，为探究其各向异性的原因以及深入分析其破裂模式和破裂机制的各向异性特征至关重要。

6.1.4 页岩剪切断裂面形态的各向异性

不同层理方位页岩在不同法向应力下的剪切断裂面形态如图 6-7 所示。

由图 6-7 可知，不同层理方位页岩的剪切断裂面形态表现出了明显的各向异性特征，而同一层理方位页岩在不同法向应力下也表现出了不同的断裂面形态。通过对页岩断裂面形态的观察分析可知：

(1) 页岩剪切破坏后，其剪切位置有大量的散体薄片和粉末，且破碎范围明显扩大，其剪切破裂面不是一个面，而是一个破碎带。破坏后典型的断面形态如图 6-8 所示。清理表面的散体薄片和碎末后，仍可见到明显的近似平行的层理开裂现象，且断面仍不是一个平面，展现出了页岩的层状沉积结构，这说明页岩的剪切破坏首先是剪切力作用下的层理面开裂，接着是剪切滑移过程中开裂层理面的破断，在剪切滑移过程中，摩擦作用使剪切带内形成了大量的散体薄片和粉末。

图 6-7　不同层理方位页岩在不同法向应力下的剪切断裂面形态

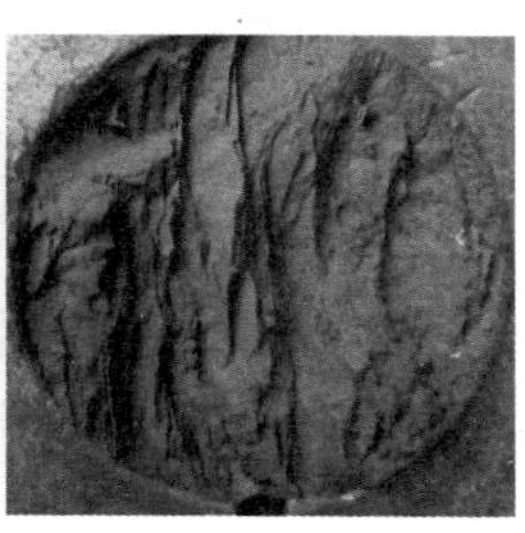

图6-8　页岩典型的剪切断裂面形态图

(2) 层理角度0°页岩在法向应力为12.5 MPa时剪切破坏后断裂面上仍能观察到明显的层理开裂现象[图6-9(a)]，这表明即使垂直层理剪切，剪切断裂面上仍会发生层理的张拉开裂；随着法向应力的增加，剪切面的层理开裂现象逐渐减弱，粗糙程度逐渐减小，而剪切面的擦痕现象逐渐显现；当法向应力为50 MPa时，剪切面局部的擦痕现象已十分明显。

(3) 层理角度30°页岩在不同法向应力下的剪切断裂面均出现了明显的层理开裂现象，可明显观察到页岩的层状沉积结构，而部分试样在剪切过程中出现了贯穿整个试件的层理面开裂。

(4) 层理角度60°页岩在不同法向应力下剪切断裂面上均有层理开裂现象，且该方位页岩的层理开裂均较30°页岩的明显，且剪切断裂面附近均有贯穿整个试样的层理开裂现象，这可能是该方位页岩抗剪强度最大的原因之一。在法向应力12.5 MPa和25 MPa时，剪切面的层理开裂现象明显，而当法向应力为37.5 MPa和50 MPa时，层理开裂有所减弱，但局部擦痕现象有逐渐明显的趋势。

(5) 层理角度90°页岩剪切断裂面均为层理面，断裂面均较平整、光滑，但各法向应力下层理面上均表现出明显的擦痕现象。

总体上，随法向应力的增大，层理角度0°、30°和60°页岩剪切断裂面的粗糙程度逐渐降低、剪切面上的层理开裂程度逐渐减弱，但摩擦诱导的擦痕现象却逐渐明显，而剪切面的粗糙程度与层理开裂强度密切相关，这表明法向应力具有明显抑制层理开裂、提高剪切面摩擦承载能力的作用。而层理角度90°页岩的剪切面均为层理面，较平整、光滑，且断裂面形态与擦痕现象随法向应力的增大变化并不明显。

(a) 垂直层理剪切时剪切断裂面上的层理开裂现象

(b) 层理角度 60°页岩剪切断裂面上的层理开裂及部分贯穿试样的层理开裂现象

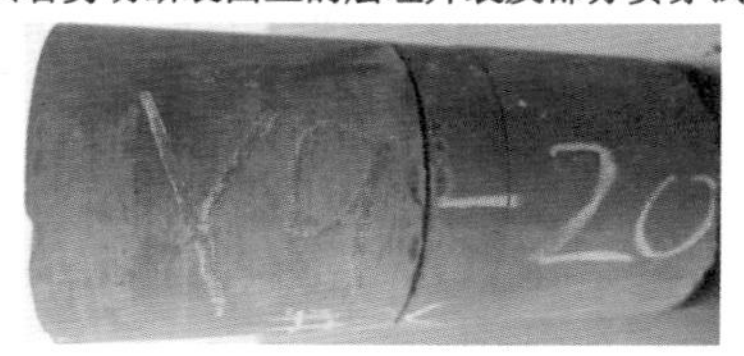

(c) 沿层理面的剪切滑移

图 6-9　页岩剪切断裂面上的层理开裂现象

6.1.5　页岩剪切破裂机制的各向异性

通过对页岩直剪时破裂面与层理面及加载方向的相对关系进行分析，可以发现页岩的剪切破裂机制可分为三种类型，且表现出了明显的各向异性特征。层理角度 0°页岩的抗剪强度由基质体控制，其破裂模式为沿基质体的剪切破坏；层理角度 30°和 60°页岩的抗剪强度主要由基质体和层理面共同控制，其破坏模式为沿层理面的张拉和基质体剪切的张-剪复合破裂；层理角度 90°页岩的抗剪强度由层理面控制，其破裂模式为沿层理面的剪切滑移破坏。而产生剪切破裂机制各向异性的根源为页岩的层状沉积结构，且页岩抗剪强度的各向异性是由其剪切破裂面形态和剪切断裂机制的各向异性控制的。因此，页岩基质体和层理面的抗剪强度参数见表 6-3。

表 6-3　页岩层理面和基质体的抗剪强度参数

页岩剪切面特征	φ/(°)	c/MPa
基质体	36.222	16.175
层理面	33.862	8.98

由表 6-3 可知，页岩气储层层理面的峰值抗剪强度、残余摩擦强度、黏聚力和内摩擦角均低于基质体，这又进一步表明层理面为页岩地层的薄弱面，剪切裂缝易在层理处起裂并延伸扩展，这对水平井井壁的稳定性和水力裂缝的复杂延伸规律有重大影响。

总之，受层理面和页岩非均质性的影响，当裂缝沿非层理方向扩展时，由于层理面的弱剪切强度和黏结力的存在，裂缝易在层理处发生分叉、转向，且容易产生与主裂缝相交的次生裂缝，从而形成相对较复杂的裂缝形态，有利于页岩气藏储层的压裂改造效果。

6.2　页岩抗剪强度各向异性的理论分析

6.2.1　页岩剪切面上剪应力分布特征

直剪时，岩石的变形和破裂一般发生在剪切面附近，表现出明显的变形局部化现象，且剪切破裂时一般在剪切面附近形成一个具有一定宽度的剪切破裂带，而不是一个剪切破裂面。因此，剪切破裂带把岩石剪切试样分为三部分，即剪切面和上、下部岩块，如图 6-10 所示。

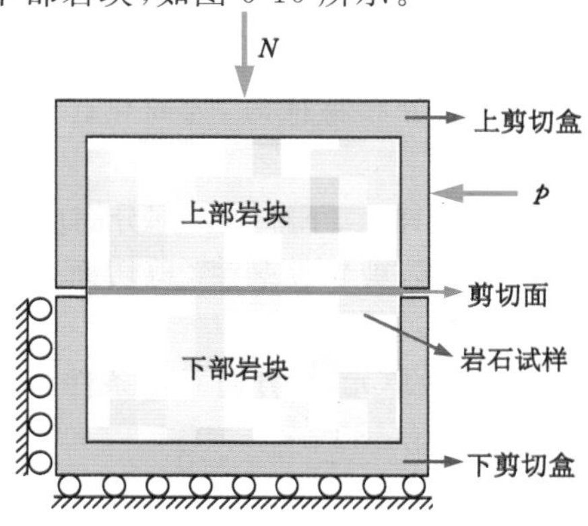

图 6-10　岩石试样的直接剪切模型

这就为建立直剪力学模型提供了极大的方便,建立的直剪力学模型如图 6-11(a)所示。

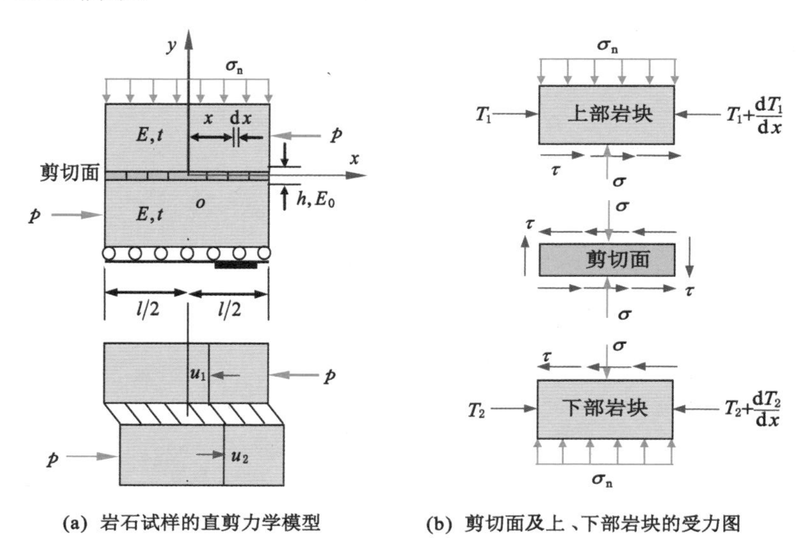

图 6-11　直剪力学模型剪切面及上、下部岩块 x 方向的受力分析

为分析页岩抗剪强度的各向异性特征,对岩石的直剪力学模型进行了如下三个简化假设:

(1) 忽略剪切过程中剪切力引起的弯矩影响。

(2) 在剪切面内,沿剪切方向只受剪切力作用。

(3) 剪切面内的剪应力与上、下非剪切岩体的相对位移成正比,即剪切面处于弹性应力状态。

在分析剪切面内的剪应力分布特征时,为简化起见,图 6-11 仅给出了 x 方向的受力关系。

如图 6-11(a)所示,直剪试样上、下非剪切部分高度均为 t,单位宽度受剪切力 p,沿 p 方向弹性模量为 E,剪切断裂带(剪切面)厚度为 h,剪切层的长度为 l,xy 面内的剪切模量为 G。

对剪切层上、下部分岩体微单元,x 方向平衡条件为:

$$\begin{cases} -\dfrac{\mathrm{d}T_1}{\mathrm{d}x}+\tau=0 \\ -\dfrac{\mathrm{d}T_2}{\mathrm{d}x}-\tau=0 \end{cases} \tag{6-3}$$

式中，T_1为上部岩块沿 x 方向单位厚度所受的轴力，kN；T_2为下部岩块沿 x 方向单位厚度所受的轴力，kN；τ 为剪切面内的剪应力，由于剪切面厚度极小，本书忽略其沿剪切面厚度方向的变化。

对垂直于剪切力 p 方向的任意截面，有：

$$T_1 + T_2 = p \tag{6-4}$$

根据假设(3)有：

$$\tau = k(u_2 - u_1) \tag{6-5}$$

式中，k 为比例系数，MPa/m；u_1、u_2 为上、下非剪切岩块沿 x 方向的位移，mm。

根据剪切面弹性变形的本构关系和几何关系，有：

$$\tau = G\gamma = G\frac{(u_2 - u_1)}{h} \tag{6-6}$$

由式(6-5)和式(6-6)可知：

$$k = \frac{G}{h} \tag{6-7}$$

设 ε_1 和 ε_2 分别为试样上、下非剪切岩块 x 方向的应变，则有：

$$\varepsilon_1 = \frac{\mathrm{d}u_1}{\mathrm{d}x}, \varepsilon_2 = \frac{\mathrm{d}u_2}{\mathrm{d}x} \tag{6-8}$$

根据 Hooke 定律，有：

$$\varepsilon_1 = -\frac{T_1}{Et} = \frac{\mathrm{d}u_1}{\mathrm{d}x}, \varepsilon_2 = -\frac{T_2}{Et} = \frac{\mathrm{d}u_2}{\mathrm{d}x} \tag{6-9}$$

对式(6-3)中第一式两边对 x 求导，得：

$$\frac{\mathrm{d}^2 T_1}{\mathrm{d}x^2} = \frac{\mathrm{d}\tau}{\mathrm{d}x} \tag{6-10}$$

将式(6-5)代入式(6-10)，得：

$$\frac{\mathrm{d}^2 T_1}{\mathrm{d}x^2} = k\left(\frac{\mathrm{d}u_2}{\mathrm{d}x} - \frac{\mathrm{d}u_1}{\mathrm{d}x}\right) \tag{6-11}$$

将式(6-9)代入式(6-11)，并由式(6-4)得：

$$\frac{\mathrm{d}^2 T_1}{\mathrm{d}x^2} - \frac{2k}{Et}T_1 + \frac{kp}{Et} = 0 \tag{6-12}$$

微分方程(6-12)的通解为：

$$T_1 = c_1 \sinh \lambda x + c_2 \cosh \lambda x + \frac{p}{2} \tag{6-13}$$

式中，$\lambda=\sqrt{\frac{2k}{Et}}=\sqrt{\frac{2G}{hEt}}$。

将边界条件 $x_1=\frac{l}{2}$、$T_1=p$，$x_1=\frac{l}{2}$、$T_1=0$ 代入式(6-13)，得：

$$T_1=\frac{p}{2}(1+\frac{\sinh \lambda x}{\sinh \frac{\lambda l}{2}}) \tag{6-14}$$

$$T_2=\frac{p}{2}(1-\frac{\sinh x}{\sinh \frac{\lambda l}{2}}) \tag{6-15}$$

$$\tau=\frac{p\lambda}{2}\frac{\cosh \lambda x}{\sinh \frac{\lambda l}{2}} \tag{6-16}$$

这里只考虑横观各向同性页岩的一种情形，根据相关的试验结果可知，如对层理角度 30°的页岩：$G\approx 7$ GPa，$h\approx 1\sim 4$ mm，$E\approx 22$ GPa，$t\approx 48\sim 49.5$ mm，$l=50$ cm，根据式(6-16)不同剪切面厚度下剪切面上的归一化剪应力分布如图 6-12 所示。

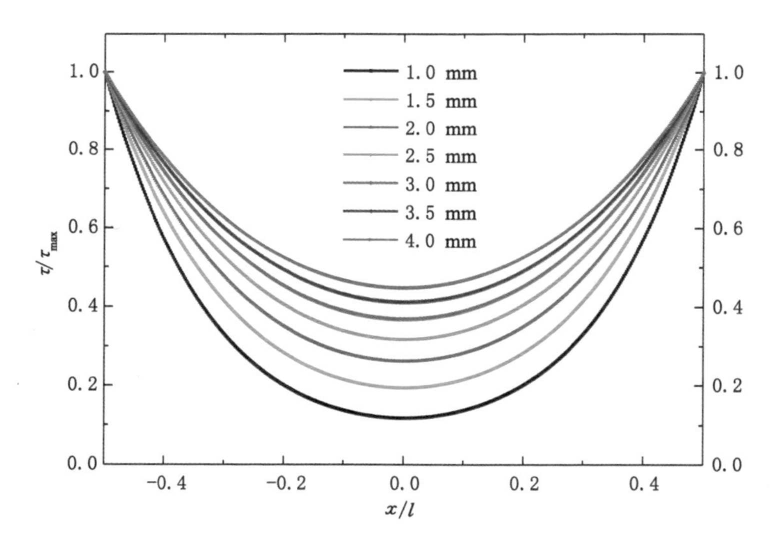

图 6-12　不同剪切面厚度下剪切面上归一化剪应力分布规律

由图 6-12 可以看出，剪应力在剪切面的端部明显大于剪切面的中央，即剪应力集中于剪切面的端部。剪切面中部的剪应力对剪切层的厚度更敏感，随着剪切面厚度从 1.0 mm 增加到 4.0 mm，剪切面中部的归一化剪应力从 10%增加到 50%。剪切层厚度越大，剪应力集中系数越小。另外，随剪切面厚度的增加，剪应力的增加速率逐渐减小。页岩试样的剪切层厚度约为 2～4 mm，即试样剪切面中部的剪切应力约为端部最大剪应力的 30%～50%。

由于剪切层端部的剪应力高度集中，故直剪时剪切面端部的剪应力首先达到临界剪切强度，即剪切面的端部首先发生剪切破裂。当试样自剪切面端部发生剪切破坏后，剪切裂缝在剪切层中从端部向中部扩展。当剪切裂缝与层理面相交时，由于层理面的抗剪强度和抗拉强度均较低，更容易沿层理面发生剪切滑动和张拉劈裂破坏，故剪切裂缝在层理处易出现分叉或转向行为，从而形成复杂的裂缝扩展形态，这是层理角度 30°和 60°页岩断裂面形态和破裂机制较复杂的主要原因。剪切裂缝在层理处的分叉和转向是层理角度 0°、30°和 60°页岩剪切断裂带厚度较大的主要原因，故图 6-7、图 6-8 和图 6-9 中可清晰观察到剪切裂缝复杂断裂行为引起的复杂断裂面形态。因此，直剪时剪切面端部的剪应力集中程度与剪切承载力密切相关，可通过剪切面上剪应力集中系数的各向异性来分析页岩抗剪强度的各向异性特征。

6.2.2　页岩抗剪强度各向异性的理论分析

由图 6-12 可以看出，直剪时剪切面上剪应力的最大值在剪切面的两端获得。根据式(6-16)可知，当 $x=\pm\, l/2$ 时，最大剪应力为：

$$\tau_{\max}=\frac{p\lambda}{2}\coth\frac{\lambda l}{2} \tag{6-17}$$

剪切层的平均剪应力为：

$$\tau_{\mathrm{m}}=\frac{1}{l}\int_{-\frac{l}{2}}^{\frac{l}{2}}\tau\,\mathrm{d}x=\frac{p}{l} \tag{6-18}$$

剪应力集中系数为：

$$K=\frac{\tau_{\max}}{\tau_{\mathrm{m}}}=\frac{\lambda l}{2}\coth\frac{\lambda l}{2} \tag{6-19}$$

由式(6-19)得到的剪应力集中系数 K 随 λ 的变化关系如图 6-13 所示。

由图 6-13 可知，剪应力集中系数 K 随 l 的增大而增大，考虑到 $\lambda=\sqrt{2G/(hEt)}$，且在不同层理方位页岩直剪时，xy 平面的剪切模量 G 为定值，t 近似相等，因此，剪应力集中系数 K 仅与剪切方向的弹性模量和剪切断裂带厚度有关，即剪应力集中系数 K 与 $\sqrt{Eh}$ 呈负相关，即 K 随 $\sqrt{Eh}$ 的增大而减小。

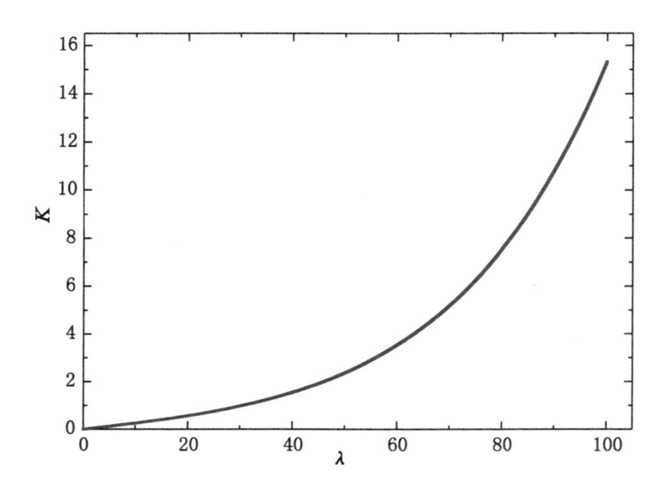

图 6-13　剪应力集中系数 K 随 λ 的变化关系

根据不同层理方位页岩的单轴压缩试验可知，页岩剪切方向的弹性模量随层理角度 α 的变化规律如图 6-14 所示。

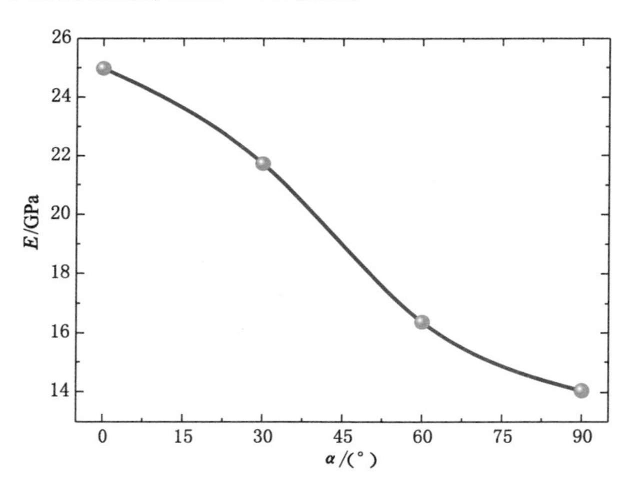

图 6-14　页岩剪切方向弹性模量随层理角度 α 的变化规律

由图 6-7 和图 6-14 可以看出，对层理角度 90°页岩，虽然沿剪切方向弹性模量最大，但其剪切层厚度远小于其他层理方位页岩，故直剪时该方向页岩的剪应力集中系数最大，相同法向应力下抗剪强度最小。层理角度 0°、30°和 60°

页岩，剪切层厚度相当(图 6-15)，而沿剪切方向的弹性模量为 60°最大、0°最小，故直剪时，0°页岩的剪应力集中系数较大，抗剪强度较小，而 60°页岩的剪应力集中系数较小，抗剪强度较大，且为 4 个层理方位中的最大值。对层理角度 30°页岩，较低法向应力时抗剪强度小于 0°页岩，可能是由于在较低法向应力下，该方位页岩不足以沿层理面剪切滑移，而剪切力诱导的张拉作用促使试样沿层理面优先开裂，进而沿剪切方向破断，在此过程中层理开裂对抗剪强度起主导作用，故在较低法向应力时，30°页岩的抗剪强度较 0°小。当法向应力较高时(图 6-5，大约 30 MPa)，30°页岩的抗剪强度将较 0°的大。由单轴压缩试验可知，当法向应力接近 50 MPa 时，30°页岩可能已沿层理剪切滑移破坏，故仅在一定法向应力范围内 30°页岩的抗剪强度较 0°大，满足理论分析结果。

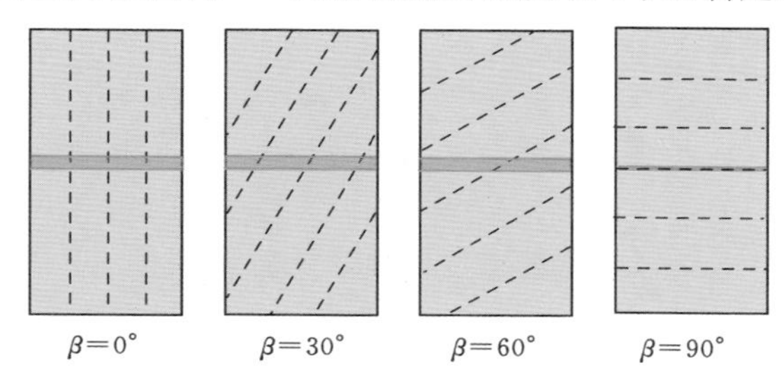

(红色条带宽度表示剪切层厚度，虚线表示层理面)

图 6-15　直剪试验中不同层理角度页岩剪切层厚度示意图

6.3　页岩雁列状裂缝扩展行为的各向异性

大量试验研究表明[86,90-93,172-176]：直剪过程中，剪切裂缝成核前，一般在剪切面附近首先产生与剪切面成一定夹角的雁列状张拉微裂缝，而雁列状张拉微裂缝进一步扩展、连接及贯通后形成宏观剪切破裂面，且较粗糙的宏观剪切破裂面一般是由不同尺度的雁列状裂缝引起的[86]。

6.3.1　不同层理方位页岩剪切裂缝扩展演化机制

直剪过程中，由于剪切面上剪应力分布的非均匀性和较高的剪应力集中，剪切力诱导的张拉微裂缝雁列一般自剪切面两端处首先萌生，而后向剪切面中心发展，亦即剪切裂缝一般自剪切面两端成核后继续向其中心扩展，直至剪切裂缝贯通后，试样完全断裂。

直剪后观察到的不同层理方位页岩在不同法向应力下的剪切断裂面形态如图 6-16 所示。由图 6-16(a)可以看出，当剪切裂缝沿层理扩展时，裂缝自层理起裂后沿该层理继续扩展，直至试样完全断裂，扩展路径较平整，为层理面，没有呈现出锯齿状形态。这是因为层理为页岩地层的薄弱面，其抗剪能力较弱，剪切过程中层理直接被剪断，而页岩基质体的抗拉强度较强，剪切力诱导的张拉作用极难斜穿层理形成雁列状裂缝，从而使断裂面较平整，但摩擦滑动产生的擦痕仍可清晰地观察到。

由图 6-16(b)可以看出，当与层理成 30°角剪切时，剪切力诱导了大量的层理开裂，而开裂的层理使剪切破裂面形态极为复杂，呈倾斜的锯齿状，不能分辨出剪切裂缝，只能观察到大量开裂的层理，这表明剪切过程中形成了沿层理的雁列状裂缝，且该雁列状裂缝的尺度相对较大。而锯齿状断裂面的根部为典型的破裂终止线，这是层理张拉开裂的有力证据。破裂终止线使沿层理开裂的张拉裂缝较短，但总体上仍可清晰地观察到页岩的层状沉积结构。然而，开裂的层理仅局限在剪切面周围一定宽度范围内，且该区域在法向应力 50 MPa 时仍清晰可见，这不仅表明剪切破裂时破裂面并不仅仅是一个破裂面，而是一个破裂带，还表明剪切破裂带是由剪切力诱导的雁列状张拉裂缝引起的，且多呈锯齿状。但层理开裂在法向应力 50 MPa 时明显受到抑制，这说明直剪过程中法向应力可抑制雁列状裂缝的产生，从而抑制层理开裂，使剪切破裂面趋于简单。此外，该方位试样直剪时，部分开裂的层理甚至贯穿了整个试样，如图 6-17 所示。目前认为该层理开裂主要是由法向压力诱导的沿层理剪切滑移，但剪切力诱导的张拉作用也不可忽视，因此，该层理的开裂机制还需进一步研究。

由图 6-16(c)可以看出，当与层理成 60°角剪切时，已能清晰地观察到剪切破裂面，且剪切破裂面上的擦痕明显比 30°时的清晰，但破裂面仍较复杂，层理开裂现象较明显，且仍形成了剪切破裂带。然而，当法向应力为 27.5 MPa 时，剪切破裂面已较平整，这再次验证了法向应力对层理开裂的抑制作用。但法向应力诱导的贯穿层理的剪切滑移更加明显(图 6-18)，且该滑移面与剪切破裂面有一定距离，这表明贯穿试样的层理开裂不是由剪切作用产生的，而是由法向压力诱导的，因为当最大压应力与层理的法线方向成 60°角时，层理极易剪切滑移[47]。总体上，剪切力与层理成 60°角时形成的断裂面较 30°简单、平整，且剪切面上的擦痕在高法向应力时更明显，剪切破裂带的宽度更小，这表明剪切力与层理成 30°角时，更容易诱导层理的张拉开裂，而层理的张拉开裂使剪切面周围形成复杂的伴生裂缝形态。

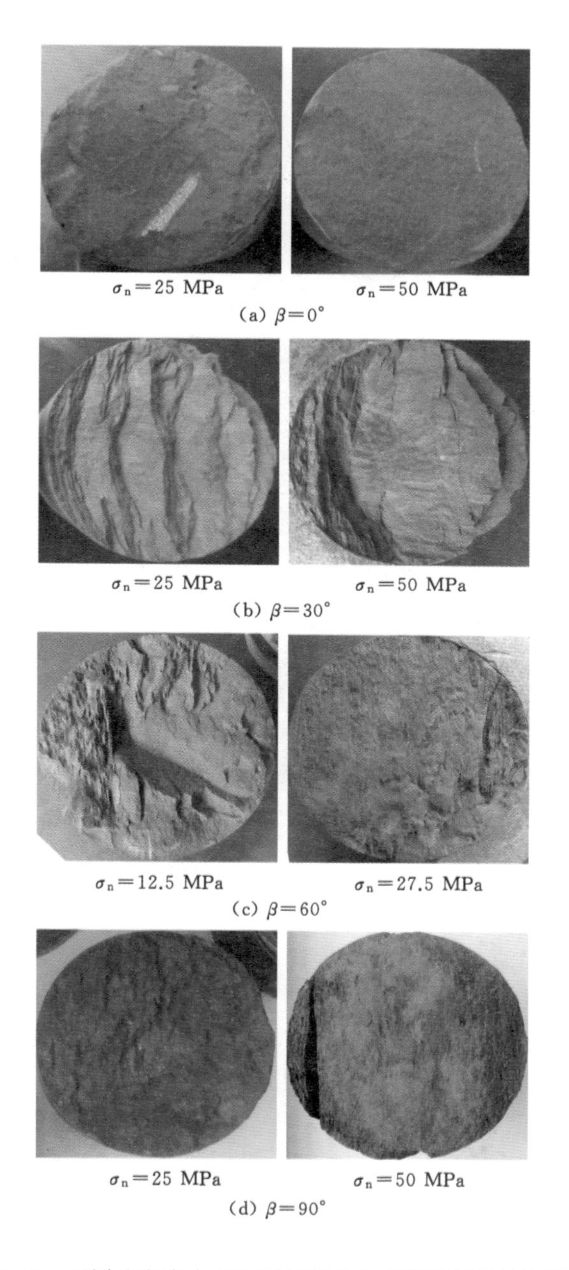

$\sigma_n=25$ MPa　$\sigma_n=50$ MPa

(a) $\beta=0°$

$\sigma_n=25$ MPa　$\sigma_n=50$ MPa

(b) $\beta=30°$

$\sigma_n=12.5$ MPa　$\sigma_n=27.5$ MPa

(c) $\beta=60°$

$\sigma_n=25$ MPa　$\sigma_n=50$ MPa

(d) $\beta=90°$

图 6-16　不同法向应力下不同层理方位页岩剪切破裂面形态

图 6-17　剪切角度 30°页岩在法向应力 25 MPa 时出现的贯穿试样的层理开裂

图 6-18　剪切角度 60°页岩在法向应力 12.5 MPa 时出现的贯穿试样的层理开裂

由图 6-16(d)可以看出，当垂直层理剪切时，断裂面均较平整，但法向应力 50 MPa 时剪切破裂面上的擦痕十分明显，该擦痕是由试样在残余强度阶段的摩擦滑动引起的，而明显的擦痕则表明摩擦滑动前剪切破裂面凹凸不平，具有较大的粗糙度。仔细观察发现，即使垂直层理剪切时，仍能在剪切面上观察到明显的层理开裂，且法向应力 50 MPa 时亦如此，这不仅表明剪切破裂时形成了一个剪切破裂带，还表明垂直层理剪切时仍能产生沿层理的雁列状张拉裂缝，但其尺度已明显较小。

6.3.2　不同层理方位页岩的剪应力-剪切位移曲线

为进一步深入认识层理方位及法向应力对剪切裂缝扩展演化的影响，分析了不同层理方位页岩在不同法向应力下剪应力及法向位移随剪切位移的变化特征，如图 6-19 所示，其中设法向位移向下压缩为负、向上膨胀为正。

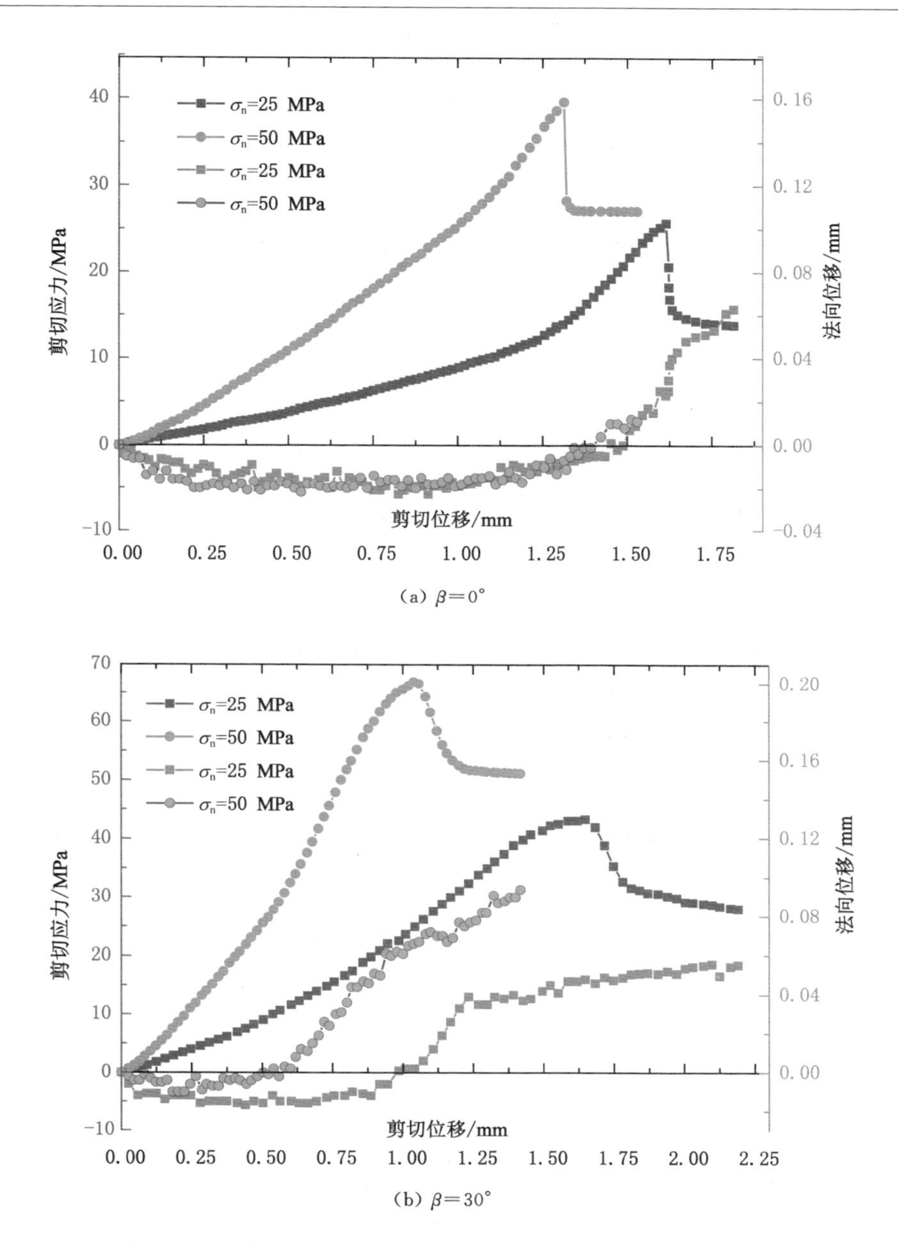

(a) $\beta=0°$

(b) $\beta=30°$

图 6-19　不同法向应力下不同层理方位页岩的剪应力-剪切位移和法向位移-剪切位移曲线

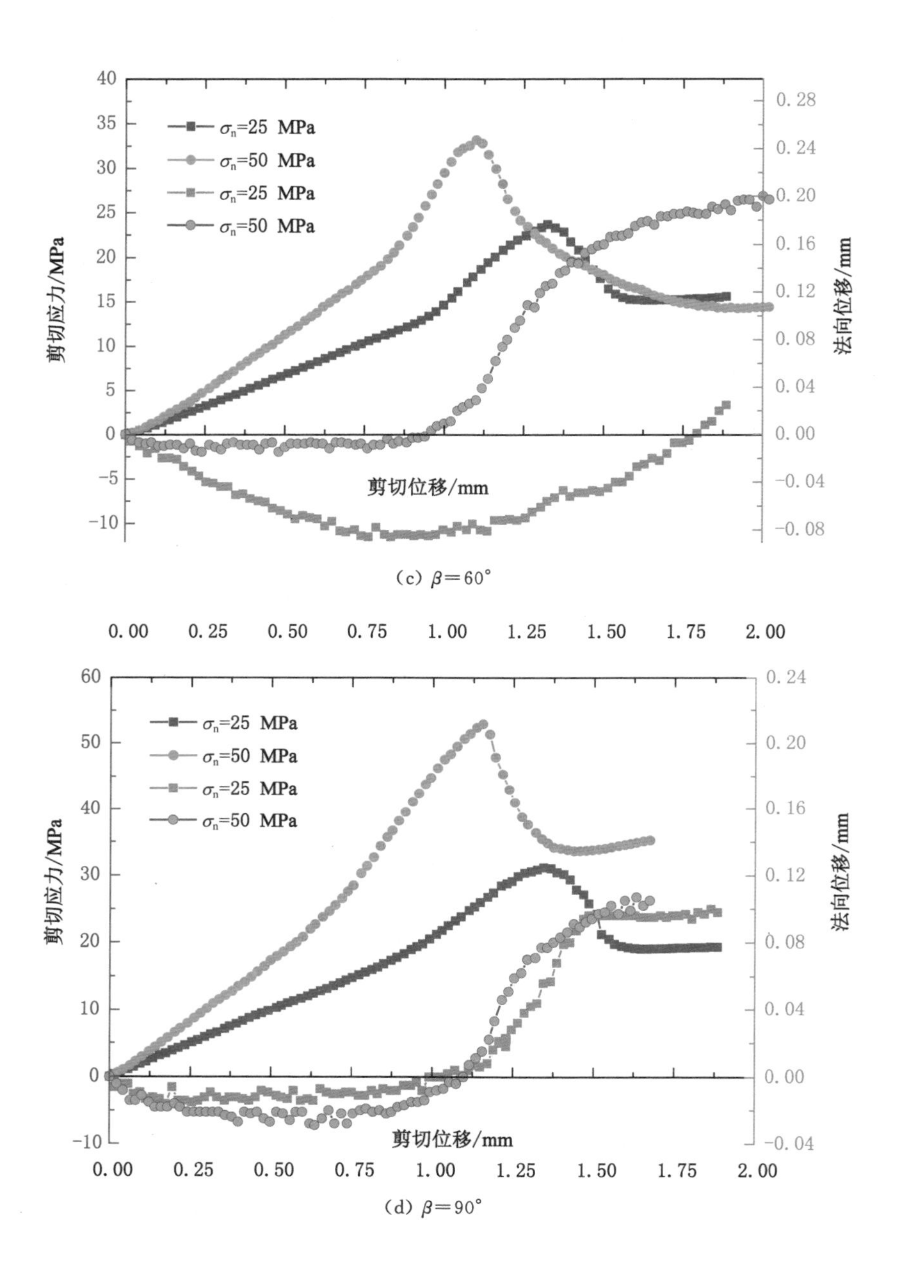

(c) $\beta=60°$

(d) $\beta=90°$

图 6-19(续)

由图 6-19 可以看出，总体上，峰值前不同层理方位页岩在不同法向应力下的剪应力-剪切位移曲线表现出了相似的变化趋势，而峰值后剪应力虽然均呈现出了剪切滑动弱化现象，但弱化规律却差别较大，尤其是沿层理剪切时甚至出现了剪应力的突然跌落。峰值前，在剪切力加载的初期，剪应力-剪切位移曲线的斜率相对较小，剪应力的增加速率相对较慢，而当剪应力增加到一定值后，剪应力的增加速率明显加快，剪应力曲线的斜率显著增加，曲线存在一个明显的转折点。转折点的存在主要是因为页岩试样与剪切盒之间、试样内部等存在一定的裂隙或微裂缝，而加载初期剪切力对裂隙或微裂缝的压密作用使剪切位移增加速率较快，剪应力-剪切位移呈现出非线性的变化规律。当剪切力超过转折点后，剪应力的增加速率明显加快，此时试样剪切面附近尤其是剪切面两端附近将产生新的微裂缝或损伤，该微裂缝或损伤一般为张拉裂缝，且呈雁列状排列[172-176]，其开裂程度与开裂方向与层理方位密切相关，这与各向同性岩体不同。对各向同性岩体，剪切力诱导形成的雁列状张拉微裂缝在剪切裂缝成核和扩展初期一般沿最大主应力方向（垂直于最小主应力）扩展，且与剪切面的夹角小于 45°[173-174]。而对层状页岩这类各向异性岩体，雁列状微裂缝与剪切面的夹角会存在一定偏差，但也应小于 45°，这也是直剪时剪切角度 $\beta=30°$ 时层理开裂现象最明显的主要原因。随着剪切力的继续增加，已形成的张拉微裂缝沿初始走向继续向两侧扩展，同时，微裂缝雁列或损伤也逐渐向剪切面中央推进，但由于剪切面上剪应力分布的非均质性[59]，雁列状微裂缝的开裂程度和开裂长度均有所降低，这与图 6-16(b) 和图 6-16(c) 中观察到的层理开裂现象在剪切面两端更明显、更集中一致。当沿层理或垂直层理剪切时，由于剪切面上最大主应力方向与层理间的夹角在一定程度上不利于层理开裂，因此，层理的张拉开裂不明显或没有，但垂直层理剪切时仍能观察到明显的层理开裂，但开裂程度与 $\beta=30°$ 和 $\beta=60°$ 相比，已显著减弱。由于剪切过程中张开的雁列状裂缝间的岩桥近似处于单轴压缩状态，当剪切力增大至峰值时，剪切面两端的岩桥首先因剪切或屈曲而失稳，使相邻的雁列状裂缝互相连接，并在剪切力的作用下继续向剪切面中部延伸，由于试样的有效剪切面积逐渐减小，剪应力表现出了明显的剪切滑动弱化特征，而当雁列状裂缝完全连通时，试样进入摩擦滑动阶段。由于雁列状裂缝在剪切力作用下几乎沿岩桥中部贯通，相互贯通后形成了锯齿状的断裂面形态，使试样在摩擦滑动阶段阻力较大，擦痕较明显，且锯齿状裂缝形态越明显，擦痕越显著，摩擦后碎屑和粉末也越多。此外，法向应力越大，擦痕也越明显。由于沿层理剪切时，剪切面为层理面，法向应力垂直于层理面，贯穿层理产生雁列状张拉微裂缝的可能性极小,因此,剪应力-剪切位移曲线的峰后阶段表现出了明显的剪应力跌落现象。

6.3.3 不同层理方位页岩的法向位移-剪切位移曲线

不同层理方位页岩的法向位移-剪切位移曲线对认识页岩剪胀的层理方向效应具有重要意义,而剪胀的层理方向效应对进一步认识不同层理方位页岩直剪时雁列状微裂缝或损伤的产生过程及剪切带的宽度等极为重要。

不同层理方位页岩在不同法向应力下的法向位移-剪切位移曲线如图 6-19 所示。由图 6-19 可知,在直剪过程中,页岩不仅有剪切位移和法向压缩现象,还产生了随剪切位移的增加法向位移逐渐增大的剪胀现象。虽然各级法向应力下不同层理方位页岩均表现出了一定程度的剪胀特性,但剪胀量均较小,大都小于 0.1 mm,且随法向应力增大时剪胀的弱化效应并不明显,甚至有加强的趋势($\beta=30°$和 $\beta=60°$),这主要是因为页岩在高法向应力下易沿层理产生微裂缝或损伤,进而强化剪胀效应。由图 6-19 还可以看出,不同层理方位页岩的剪胀起始点所对应的剪切位移均明显小于峰值前剪应力转折点所对应的剪切位移,这表明在剪切初期试样压实的过程中还伴随有张拉微裂缝或损伤诱导的试样膨胀,而压实作用引起的试样纵向压缩更显著。因此,页岩直剪过程中雁列状微裂缝或损伤在剪胀起始点已出现,而不是自剪应力转折点。由图 6-19(a)和图 6-19(d)可以看出,沿层理和垂直层理剪切时,不同法向应力下法向位移-剪切位移曲线几乎完全重合,剪胀对法向应力不敏感,这也再次表明垂直层理剪切时虽能观察到层理开裂,但层理开裂较微弱,尺度相对较小,且法向应力对层理开裂的抑制作用不明显;而沿层理剪切时,法向应力垂直层理,极难诱导层理开裂。由图 6-19(b)和图 6-19(c)可以看出,当剪切角为 30°和 60°时,随法向应力的增加,剪切力诱导的试样纵向收缩明显减弱,这是因为高法向应力下试样已高度压缩,剪切力很难再诱导试样纵向收缩。而在峰后剪应力滑动弱化阶段,由于试样的剪切位移较小(均小于 2 mm),开裂的层理仍处于咬合状态,因剪胀而产生的试样纵向膨胀较小。高法向应力下,试样在法向压力加载过程中会产生较多的沿层理的微裂缝或损伤,该微裂缝或损伤在剪切力增加时会进一步扩展、连接、贯通而形成宏观裂缝,这将导致更明显的剪胀现象。因此,层状页岩在高正应力下反而表现出了更明显的剪胀现象,这与各向同性岩体不同,但该剪胀现象还未发展至残余摩擦阶段。

总之,当剪切力与层理成一锐角时,剪切力更易诱导雁列状微裂缝或损伤,该微裂缝或损伤一般沿层理产生和发展,剪切力和层理的相对方位对雁列状微裂缝或损伤的控制作用明显；高法向应力虽加大了试样沿层理形成微裂缝或损伤的可能，但在一定程度上仅加剧了剪胀现象。总体上，法向应力的增大对层理开裂的抑制作用更明显，剪切带也更窄。当垂直层理剪切时，虽然能观察到一定程度的层理开裂，但开裂程度较弱，且对法向应力不敏感；而沿层理剪切时，法向应力完全抑制了层理开裂，剪切面为层理面。

6.3.4　相关研究成果

对层状岩体，如麻粒岩，有学者通过直剪试验也观察到了相似的裂缝扩展规律[93]，如图 6-20 所示。

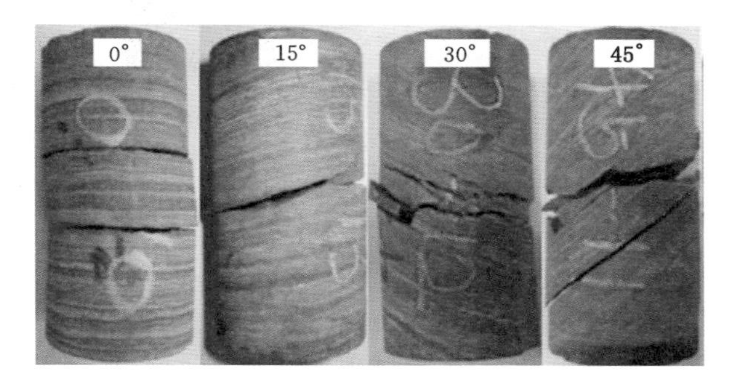

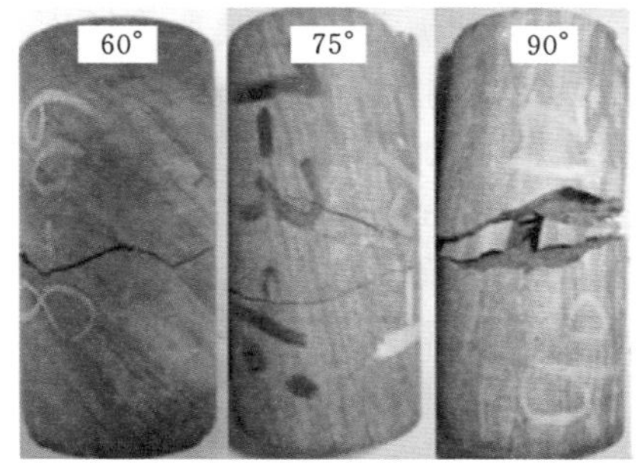

图 6-20　不同层理角度麻粒岩剪切裂缝扩展形态图[79]

由图 6-20 可以看出，当沿非层理方向剪切时，均会诱导一定程度的层理开裂，而层理的开裂程度与层理和剪切力间的夹角有关，夹角过大或过小都不利于层理开裂，层理的开裂程度与剪切裂缝扩展路径的复杂程度和剪切破裂带的宽度直接相关。因此，直剪时仅在与层理成一定夹角范围内更易诱导弱层理开裂而产生复杂裂缝形态，且剪切破裂带的宽度较大，对应的渗透性更高。此外，层理角度 45°麻粒岩也观察到了开裂层理贯穿整个试样的现象，但可以确定该开裂层理是由剪切力诱导的张拉作用引起的，因为施加在试样上的法向应力仅 1 MPa。

此外，为更清晰地观察直剪过程中剪切裂缝的扩展形态，Carey 等[88]通过 X 射线断层扫描技术对 Utica 页岩直剪时裂缝的扩展形态进行了扫描，如图 6-21 所示。

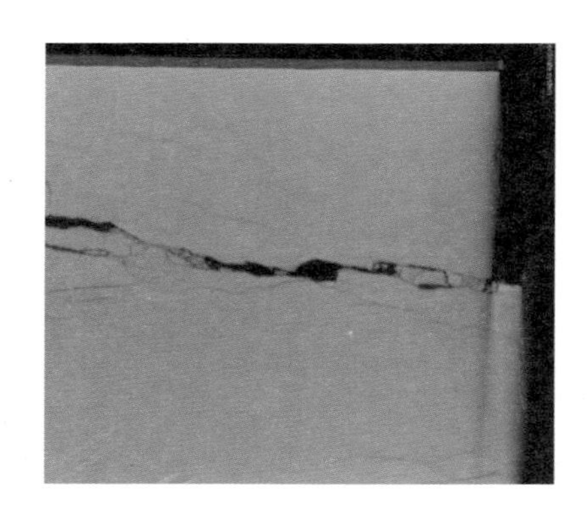

图 6-21 垂直层理直剪时 X 射线断层扫描观察到的页岩裂缝扩展形态图[74]

由图 6-21 可以看出，即使垂直层理剪切时，裂缝扩展路径也不平直，且剪切后形成的并不是单一的剪切破裂面，而是形状复杂、宽度不均一的剪切破裂带；剪切破裂带中可明显观察到大量的层理开裂，而层理开裂是由剪切力诱导的张拉应力引起的，多呈雁列状排列，这是破裂面较粗糙、多呈锯齿状的主要原因。Frash 等[86]还进一步指出，即使对均匀、各向同性岩体，剪切时形成的雁列状微裂缝或损伤也使剪切破裂面较粗糙，呈现出锯齿状。Carey 等[88]通过对比还发现，直剪过程中产生的裂缝明显比单轴压缩和水力压裂时的更宽，且在一定层理方位下也能形成复杂的裂缝扩展形态，这在一定程度上能显著增大裂缝周围地层的渗透率，进而提高储层改造效果。之所以直剪中产生的裂缝更宽，是因为剪切带内形成了雁列状排列的张拉裂缝，而雁列状裂缝大多是剪切力诱导的层理开裂，层理方位不同，雁列状裂缝的开裂程度和发育规模不同，形成的剪切带宽度不同，这是剪切破裂面形态表现出明显层理方向效应的主要原因。

直剪过程中剪切破裂带内裂缝的扩展演化规律可通过 Ikari 等[177]基于双轴剪切仪得到的板岩层理与剪切力成不同夹角时裂缝的扩展演化形态进一步深入认识。Ikari 等[177]指出，当沿层理剪切时，在剪切面两端，裂缝与层理近似成 30°角，而在剪切面中部与层理近似平行，裂缝形态不对称。这表明剪切带两端的雁列状裂缝是通过层理的剪切滑移沟通的，而破裂面中央没有形成雁列状裂缝。当剪切力与层理的夹角较小（15°～45°）时，如图 6-22(a)所示，如当剪切角 $\beta=30°$ 时，层理开裂主要集中在剪切带两端，且层理开裂明显，这表明层理开裂是由剪切力诱导的张拉作用引起的，呈雁列状排列，且该雁列状裂缝自剪切面两端萌生。当剪切力与层理的夹角较大（60°～90°）时，如图 6-22(b)所示，如当 $\beta=75°$ 时，层理开裂仍主要集中在剪切面两端，但开裂的层理在剪切力作用下旋转弯曲成 S 形，75°的层理近似旋转 15°，呈垂直状。这表明呈雁列状的层理开裂在向剪切面中央发展时，在剪切力作用下裂缝间岩桥发生了旋转或屈曲失稳，使剪切破裂面呈现出剪切破裂带，且破裂带宽度不均一，破裂机制异常复杂。

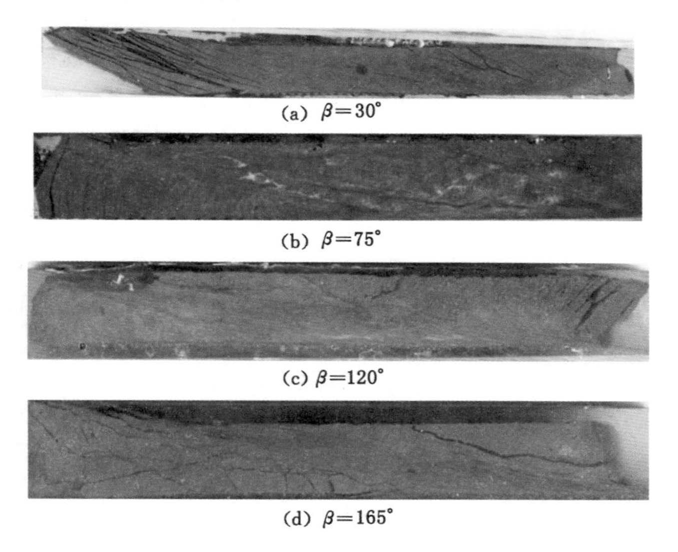

(a) $\beta=30°$

(b) $\beta=75°$

(c) $\beta=120°$

(d) $\beta=165°$

图 6-22　不同层理方位板岩剪切时的裂缝扩展形态图

由 Ikari 等[177]的试验可知，当剪切力与层理的夹角大于 90°时，几乎观察到了与小于 90°时相似的现象，只是层理的雁列状开裂受到了明显的抑制，而剪切滑移有所加强，这是因为剪切力诱导的张拉应力近似沿层理或与层理夹角较小，极难诱导层理的张拉开裂，而最大压应力却近似垂直层理或与其法线夹角较小，使层理剪切滑移的趋势显著增强。

综上可知，页岩剪切裂缝扩展时，层理方位对裂缝的扩展形态影响巨大。当剪切力与层理成 30°～90°角时，剪切力能诱导大量的层理开裂，形成锯齿状的裂缝形态，但此复杂裂缝形态多局限于剪切破裂带，几乎没有裂缝，表现出明显的变形局部化。当剪切力与层理的夹角大于90°时，剪切力有诱导层理压实的趋势，不利于层理的张拉开裂，但却能增强层理剪切滑移的趋势，有利于更多、更大范围产生沿层理滑移的剪切裂缝，这也能形成复杂的裂缝形态。因此，页岩中剪切裂缝与层理成一定夹角扩展时，在一定程度上能诱发复杂裂缝形态的产生，增加储层的渗透率，进而提高储层改造效果。

6.4 页岩雁列状裂缝扩展行为各向异性的进一步讨论

剪切断裂是页岩水力压裂过程中最基本的断裂模式，认识层理对剪切裂缝扩展演化的影响对进一步深入揭示“体积压裂”时网状裂缝的形成机理具有重要意义。本章旨在通过试验方法初步探讨页岩层理方位对剪切断裂行为的影响，但试验后发现剪切作用下不同层理方位页岩裂缝的扩展演化极其复杂，且张拉和剪切破裂在裂缝的扩展中相互共存，共同控制裂缝的扩展演化路径，这在以往的研究中很少关注。

三轴压缩试验和直剪试验是分析岩石剪切裂缝扩展演化最直接的方法，但由于三轴压缩时剪切破裂面的不确定性和不规则性[39-41]，即使借助实时CT扫描等技术也很难准确获得裂缝的起裂和扩展信息[178]，因此，该方法主要用于获取岩石的抗剪强度参数，在分析裂缝的扩展演化规律方面应用较少，故本书采用直剪试验分析剪切裂缝的扩展演化规律。

直剪试验虽然存在主应力轴旋转、应力分布不均匀、剪切破裂面固定和剪切力易诱导产生弯矩等缺陷[59]，但固定的剪切面为分析层理方位对剪切裂缝扩展演化的影响提供了有效途径。由于剪切面两端较高的剪应力集中[59]，剪切裂缝一般自剪切面两端起裂后向试样中部扩展，但在剪切裂缝萌生前，剪切力会诱导产生雁列状的张拉微裂缝，且该微裂缝在纯剪切条件下一般与剪切力成45°夹角[174]，如图6-23所示。而当在试样两端施加法向压力N时，剪切带内最大主应力σ_1会向法向应力σ靠近，如图6-24所示，从而导致最小主应力σ_3与剪切力的夹角小于45°，且施加的法向压力N越大，该夹角越小，这与Reches等[173]得到的结果一致。这也是直剪过程中剪切面上产生的雁列状张拉裂缝一般与剪切力的夹角小于45°的主要原因。剪切面上归一化的剪应力分布规律如图6-12所示。由图6-12可以看出，直剪过程中剪切面两端的剪应力最大，越靠近剪切面中央剪应力越小，且剪应力的集中程度随剪切带宽度的增大逐渐减小。由于剪切面上剪应力分布的非均匀性，当雁列状张拉裂缝在剪切面两端成核后，该裂缝雁列在向剪切面中央延伸的过程中，雁列状微裂缝的张开程度有逐渐减弱的趋势，这与图 6-16 中层理开裂在剪切面两端较集中而在剪切面中央较弱相一致。

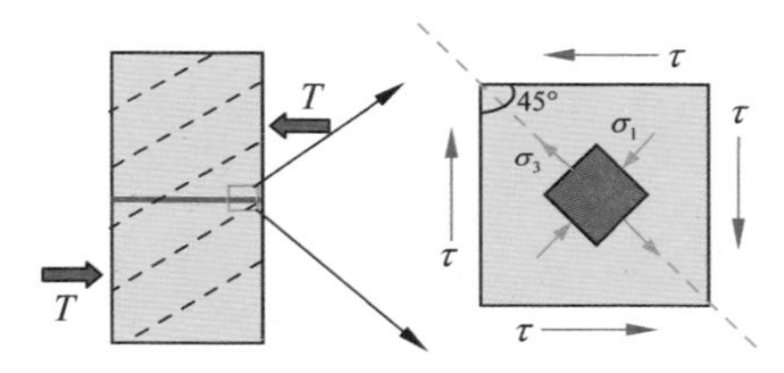

图 6-23　纯剪切条件下剪切面周围受力状态示意图

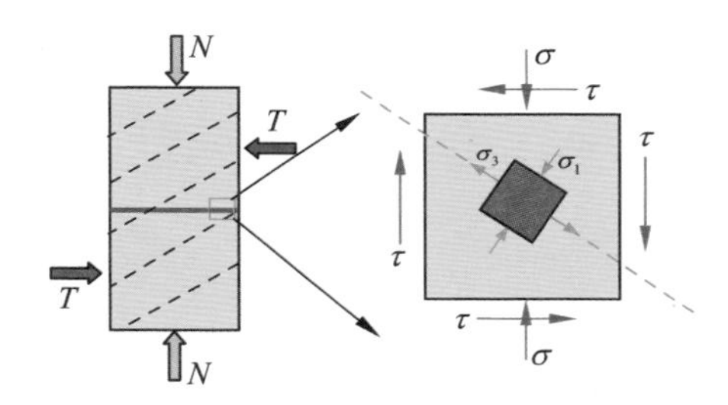

图 6-24　直剪过程中剪切面周围受力状态示意图

直剪过程中剪切力诱导的拉应力近似沿图 6-24 中红色虚线方向，因此，当层理的法线方向与拉应力方向重合或较接近时，由于层理的抗拉强度较低，层理极易张拉破裂而形成雁列状裂缝。由受力状态分析可知，该拉应力与剪切力的夹角小于 45°，因此，直剪时剪切角 $\beta=30°$ 和 $\beta=60°$ 均出现了明显的层理开裂现象，且 $\beta=30°$ 时剪切面的锯齿状结构更明显，这也验证了 $\beta=30°$ 时层理方向与剪切力诱导的最大主应力 σ_1 的方向更接近。随着剪切角的逐渐增加，层理外法线与 σ_3 间的夹角逐渐增大，σ_3 引起的层理开裂效应逐渐减弱。当剪切力垂直层理时，σ_3 与层理间为一锐角，在一定程度上仍能诱导层理的张拉开裂，但是其开裂尺度将明显减小。而当剪切角 β 继续增大时，剪切力诱导的张拉作用继续减弱，直至层理与 σ_3 平行时完全消失，此时，剪切角 β 在 120° 附近，如图 6-25(b)所示。当剪切角继续增大时，σ_1 与层理的夹角变为锐角，且逐渐减小。然而，由于层理为页岩地层中的薄弱面，当层理与 σ_1 的夹角在 30°～60° 范围时，极易沿层理剪切滑移，这是图 6-22 中 $\beta>90°$ 时层理大量剪切滑移的主要原因。也就是说，当剪切角大于 90°时，在一定角度范围内，沿预定剪切面的剪切裂缝成核前，剪切带内会产生沿层理剪切滑移的微裂缝或损伤，该裂缝或损伤的进一步扩展、连接和贯通使剪切裂缝周围出现复杂的裂缝形态，从而增加裂缝周围地层的渗透率。虽然沿层理的剪切裂缝的张开度会明显小于$\beta<90°$时层理张拉开裂形成的雁列状裂缝，但其滑移距离可能更远。

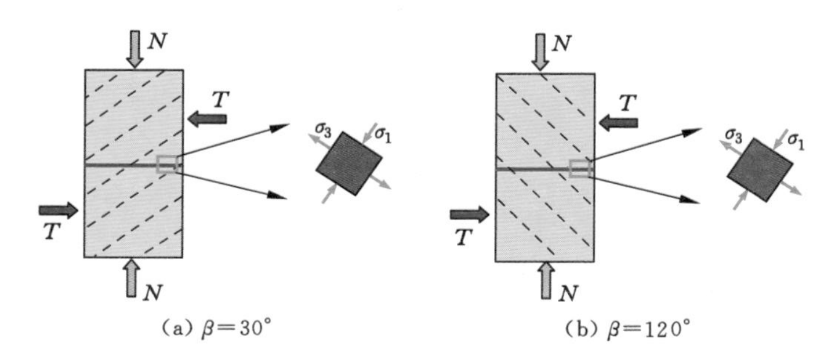

(a) $\beta=30°$　　(b) $\beta=120°$

图 6-25　直剪过程中剪切面周围受力状态与层理的相对方位示意图

直剪过程中施加的法向应力在一定程度上会抑制剪切力诱导的雁列状裂缝的产生与扩展，亦即抑制层理的张拉开裂，但却会增加层理剪切滑移的可能，使剪切面的受力状态异常复杂。此外，法向应力也会抑制剪切裂缝的扩展，从而使分析的剪切裂缝并不纯粹。经过研究发现，半圆盘三点弯曲法可克服该方法的缺点，是分析层理方位对剪切裂缝扩展演化影响的有效途径，这也是我们目前的重点研究内容之一。

6.5　本章小结

本章通过直剪试验系统研究了不同法向应力下不同层理方位页岩抗剪强度、断裂行为和断裂机制的各向异性特征，并系统探讨了直剪过程中雁列状裂缝成核、扩展、连接及贯通后形成宏观剪切裂缝的力学机制及其层理方向效应。得出的主要结论有：

(1) 对层理发育的龙马溪组页岩地层，其抗剪强度和剪切破裂面形态受层理面的影响较大，均表现出了明显的各向异性特征。层理面的抗剪强度、黏聚力和内摩擦角均为最小。0°、30°、60°和 90°四个层理角度中，页岩抗剪强度的最大值在 60°时取得，而不是垂直于层理方向。0°、30°和 60°页岩的剪应力-剪切位移曲线呈现出了明显的剪切强度随剪切滑动而弱化的特点，而 90°页岩的剪应力-剪切位移曲线却表现出了截然不同的变化规律，即层理面间的黏结力在滑动失稳时突然释放并直接跌落至残余强度，表现出了近似理想脆性的垂直跌落现象。页岩抗剪强度的各向异性是由其剪切破坏机制的各向异性控制的。页岩的剪切破坏机制可分为基质体控制的沿页岩本体的剪切破坏、基质体和层理面共同控制的沿层理面张拉和本体剪切的复合破坏、层理面控制的沿层面的剪切滑移破坏三种类型。

(2) 通过对直剪条件下页岩剪切层的力学分析可知,剪应力集中系数在一定程度上反映了页岩直接剪切时剪切承载力的强弱,可用来分析页岩抗剪强度的各向异性。对不同层理方位的页岩,剪应力集中系数仅与沿剪切方向的弹性模量和剪切层的厚度有关。相同法向应力下,层理角度 90°页岩的剪应力集中系数最大、抗剪强度最小,而层理角度 60°页岩的剪应力集中系数最小、抗剪强度最大。

(3) 直剪时,因剪切面两端剪应力的高度集中,剪切裂缝成核前剪切力诱导的张拉作用会在剪切面两端首先产生与剪切面成一定夹角(<45°)的雁列状微裂缝,而雁列状微裂缝进一步扩展、连接及贯通后形成宏观剪切破裂带。剪切破裂带一般呈粗糙的锯齿状,宽度不均一,表现出明显的非均质性。

(4) 对层状页岩,由于层理极易张拉开裂,直剪时形成的雁列状裂缝一般沿层理,但层理的开裂程度与开裂方向与层理方位密切相关,表现出明显的层理方向效应。当沿层理剪切时,由于基质体较高的抗拉强度,极难斜穿层理形成雁列状裂缝,剪切面为层理面,较平直、光滑,但剪切面摩擦滑动时的擦痕较明显;当与层理成 30°和 60°角剪切时,均形成了沿层理的雁列状裂缝,且 30°时更显著,而雁列状裂缝在剪切面两端更集中;垂直层理剪切时,仍能观察到较小尺度的层理开裂,但已较微弱。

(5) 直剪时,剪切破裂带内雁列状裂缝的产生使剪切面呈现出锯齿状,锯齿状破裂面在进一步摩擦滑动时极易产生擦痕和磨损现象。直剪时,雁列状裂缝的层理方向效应使不同层理方位页岩的剪切破裂面形态差异巨大,表现出明显的各向异性特征。

(6) 页岩直剪时,层理方位对裂缝的扩展形态影响巨大。当与层理成 30°～90°角剪切时,剪切力能诱导大量的层理开裂,形成锯齿状的裂缝形态,但此复杂裂缝形态多局限于剪切破裂带,表现出明显的变形局部化。当剪切力与层理的夹角大于 90°时,剪切力有诱导层理压实的趋势,不利于层理的张拉开裂,但在一定程度上却增加了层理剪切滑移的趋势,有利于在更大范围产生沿层理的剪切裂缝,也能形成复杂的裂缝形态。因此,剪切裂缝斜交层理扩展时,能诱发复杂裂缝形态的产生,增加地层的渗透率,进而提高储层改造效果。

第7章 结　　论

本书以渝东下志留统龙马溪组页岩为研究对象，在国内外已有研究成果的基础上，综合运用理论分析、室内试验和数值计算等方法，系统地研究了页岩气储层的微观结构特征、层理与天然裂缝的发育特征、不同加载条件下页岩力学性质和断裂行为的各向异性特征，揭示了不同模式裂缝复杂扩展行为的主控因素及其影响规律等。得到的主要结论如下：

（1）揭示了页岩各向异性的根源

① 重庆石柱漆辽龙马溪页岩主要为黑色至深黑色碳质页岩，薄层至中厚层平行交互，层理发育，黏结力小且极易风化开裂；层理面浪成波痕发育，层面上可见丰富的笔石、放射虫等化石，含星散状黄铁矿、黄铁矿结核及石英、方解石充填裂隙矿脉。

② 通过X射线衍射分析页岩的矿物组成可知：下志留统龙马溪组页岩石英含量超过50%，包括方石英和钠长石等，脆性矿物总量超过70%，与北美典型页岩气盆地的石英含量相当，且黏土矿物含量（约6.39%）相对较少，较适合压裂等储层改造。

③ 通过大型工业CT扫描和SEM电子显微镜扫描技术分析了龙马溪组页岩裂隙、微裂缝发育状况和孔隙结构特征，结果表明：页岩均质性强，无明显裂隙、微裂缝发育，完整性较好，仅能观察到部分近似平行层理的高密度黄铁矿结核带；以伊利石为主的黏土矿物在沉积、压实过程中的择优取向形成明显的层理构造，使不同矿物颗粒在沉积过程中的排列和分布具有一定的方向性，这是页岩地层表现出明显各向异性的根源。

④ 龙马溪页岩层理发育，天然裂缝以层理缝为主，填充缝、高角度缝等构造裂缝存在但发育程度不均。层理缝发育，具有层多且薄的特点，但其产状存在一定差异，主要表现为裂缝的缝宽和密度不同，层理面胶结程度略有差异。主产气层层理缝极发育，高角度缝、充填缝在局部发育，这些天然裂缝的存在使复杂裂缝网络的形成具备了条件。

（2）探明了压缩荷载下页岩断裂行为的各向异性特征

通过不同层理角度页岩的波速测试、单轴及三轴压缩试验，获得了页岩力学性质的各向异性特征，分析了其断裂行为的各向异性，揭示了破裂机制的各向异性特征，初步探讨了层理对复杂断裂行为的控制机制。

① 页岩纵波波速具有明显的层理方向效应。沉积层理的存在降低了页岩的完整性，引起了纵波在穿过层理时的能量耗散和能量弥散，而该能量耗散随层理角度的增大不断增加，进而引起纵波波速的不断下降，故页岩纵波波速随层理角度的增加不断减小，平行层理方向纵波波速最大，垂直层理方向最小。

② 龙马溪组页岩地层的抗压强度、弹性模量和泊松比等均表现出了明显的各向异性特征。平行层理方向弹性模量最大，垂直层理方向最小；随着围压的增加，同一角度页岩弹性模量的增加速率逐渐减小。0°、30°和60°、90°页岩的泊松比随围压的增加呈现出了相反的变化规律，这可能是由层理间孔隙和微裂缝的良好发育引起的。不同围压下，0°页岩压缩强度最高，90°次之，30°最低，总体上呈现出两边高、中间低的U形变化规律；不同角度的Hoek-Brown强度准则参数也大致呈现了U形变化规律，能较好地反映页岩强度的各向异性特征。沿层理方向弹性模量最大，垂直层理方向最小，且随围压的升高，同一层理角度页岩弹性模量的增加速率逐渐减小。

③ 页岩破裂模式的各向异性与层理倾角和围压大小密切相关，破裂模式的各向异性是由破坏机制的各向异性引起的，而强度的各向异性是由破坏机制的各向异性控制的。单轴压缩时，0°页岩为沿层理的张拉劈裂破坏；30°为沿层理的剪切滑移破坏；60°为贯穿层理和沿层理的剪切破坏；90°为贯穿层理的张拉劈裂破坏。三轴压缩时，0°页岩为贯穿层理的共轭剪切破坏；30°为沿层理的剪切滑移破坏；60°和90°为贯穿层理的剪切破坏。

④ 低围压下，层理间的孔隙、微裂隙等使页岩破裂模式相对较复杂，易形成复杂的裂缝网络；高围压下，层理间的孔隙、微裂隙等被束缚，页岩的破裂模式较单一，难以形成复杂的裂缝网络。当加载方向沿页岩层理方向时，破裂后的页岩易形成复杂的裂缝网络；加载方向与层理约成30°角时，破裂面较为单一；加载方向与层理约成60°角或垂直层理加载时，易产生贯穿层理和沿层理的复杂破裂形态，也形成了相对较复杂的裂缝网络。因此，对高埋深的页岩气储层，水力压裂设计时必须同时考虑地应力和页岩层理的相对方位，从而使压裂过程中水力裂缝与地应力、层理、天然裂缝间出现竞争起裂与竞争扩展行为，以使压裂后能形成沿层理的水力裂缝与诱导裂缝相互交错的裂缝网络，从而增大页岩气储层的压裂改造体积，提高页岩气井的产量。

⑤ 单轴压缩下，不同层理方位页岩渐进破坏过程中裂纹起裂点、扩容点和峰值特征点应力应变随层理角度的增大呈现出先减小、后增大的U形变化规律，层理角度30°时上述值均达到相对低值；不同层理角度页岩的裂纹起裂应力、扩容应力均与峰值应力呈线性相关。

⑥ 单轴压缩下，不同层理方位页岩裂纹起裂点、扩容点和峰值特征点的U、U^e和U^d均随层理角度的增加呈现出先减小、后增大的变化规律，U^d/U比值则随层理角度的增大先减小、后增大，而U^e/U比值则随层理角度的增大呈现出先增大、后减小的变化规律，均在层理角度30°时取得最大或最小值。层理角度在0°～30°和30°～60°范围时裂纹起裂点、扩容点和峰值点各特征点应力、应变和应变能各向异性的敏感性均大于层理角度在60°～90°范围时的值。

(3) 获得了张拉作用下页岩断裂行为的各向异性特征

通过巴西劈裂和三点弯曲方法，系统研究了不同层理方位页岩在张拉作用下裂缝的起裂与扩展演化形态，探讨了裂缝扩展过程中破裂机制的演化规律及其层理方向效应，为进一步分析剪切及张-剪条件下甚至水力压裂条件下裂缝的扩展演化机制提供了理论基础。获得的主要认识有：

① 页岩巴西劈裂抗拉强度具有明显的层理方向效应。基质体的抗拉强度最大，层理的抗拉强度最小。总体上，随层理角度的增加，抗拉强度没有表现出相对单调的变化规律，这可能与不同层理角度圆盘试样的应力分布特征较复杂且劈裂破坏时并非沿圆盘中心破裂有关。巴西劈裂时，对平行层理圆盘试样，主要为基质体主控的张拉劈裂破坏；对垂直层理圆盘试样，层理0°页岩为层理主控的沿层理的张拉劈裂破坏；30°、45°和60°为基质体和层理共同控制的贯穿层理和沿层理的张-剪复合破坏；90°为基质体和层理共同控制的贯穿层理和沿层理的张拉破坏。

② 巴西劈裂条件下，不同层理方位页岩裂缝的起裂点较复杂，很难对其进行准确确定，但主要集中在加载鄂和圆盘中心处。沿加载鄂起裂的裂缝，其扩展路径一般呈弧形或直接沿层理剪切滑移；在加载鄂附近，剪切破裂起主控作用，而在圆盘中心附近，张拉破裂起主控作用，张拉和剪切作用的此消彼长，共同控制裂缝的扩展演化形态，但裂缝扩展中多伴随层理的剪切滑移。仅沿层理加载时观察到自圆盘中心起裂的张拉裂缝，该裂缝沿层理继续扩展，直至完全断裂，没有发生扩展路径偏移，破裂机制为层理主控的张拉破裂。巴西劈裂时，裂缝的起裂点、起裂机制、扩展路径和扩展机制等受层理方位影响较大，且裂缝的剪切起裂现象普遍存在，这为分析张拉裂缝的扩展演化带来极大困难。而半圆盘三点弯曲法可克服不同层理方位页岩裂缝起裂点和起裂机制的

复杂性，是分析层理对张拉裂缝扩展演化影响的有效途径之一。

③ 各向异性材料初始裂纹的产生和扩展很复杂，裂纹在扩展的过程中具有较明显的自相似性和非自相似性(不沿裂纹面和裂纹方向扩展)。材料的各向异性不仅影响裂纹尖端应力场和位移场的分布，还影响应力场的强度和位移场的大小。各向异性材料裂纹尖端的应力场和位移场不仅由应力强度因子决定，还与弹性常数有关，这与各向同性材料不同。

④ 页岩层理的Ⅰ型断裂韧性较小、垂直层理方向的断裂韧性较大，这说明层理阻止裂纹扩展的能力较弱，水力裂缝沿层理较易延伸，而当裂缝垂直层理扩展时受到的阻力相对较大，可能会发生转向现象。层状材料断裂韧性的各向异性主要由裂纹扩展过程中韧化机制的各向异性引起的。弱层理开裂、断裂路径偏移和分层剥离是层状材料的三种主要韧化机制。而对页岩，层理开裂和断裂路径偏移是引起断裂韧性各向异性的主要原因。垂直层理断裂时出现了层理开裂和断裂路径偏移，断裂韧性较大，而沿层理断裂时，没有任何一种韧化机制，断裂韧性较小。

⑤ Divider 方位张拉裂缝扩展中的断裂路径偏移是层理控制作用的直接表现。传统上，由于习惯将裂缝的扩展问题视为二维问题，忽视了层理对 Divider 方位裂缝扩展的影响。而实际上裂缝的扩展是一个三维问题，裂缝扩展中缝长方向为 Divider 方位裂缝时，其缝高方向为 Arrester 方位裂缝。虽然缝高方向的扩展速度较缝长方向慢，但其仍会对裂缝的扩展路径产生一定影响，而层理对缝高方向的影响是 Divider 方位张拉裂缝扩展路径偏移的主要原因。

⑥ 张拉裂缝自层理起裂后，一般易沿该层理继续扩展，但一定的应力条件仍能促使其转向。张拉裂缝垂直层理或与层理成一定角度扩展时，易发生裂缝的分叉、转向和弱层理的张拉或剪切开裂等复杂扩展行为，一般能形成相对较复杂的裂缝形态。裂缝的复杂扩展行为与受力条件、裂缝与层理的相对方位直接相关，层理和受力条件对裂缝的扩展起主控作用。

(4) 得出了剪切作用下页岩断裂行为的各向异性特征

通过直剪试验系统研究了不同法向应力下不同层理方位页岩抗剪强度、断裂行为和断裂机制的各向异性特征，并系统探讨了直剪过程中雁列状裂缝成核、扩展、连接及贯通后形成宏观剪切裂缝的力学机制及其层理方向效应。得出的主要结论有：

① 页岩抗剪强度和剪切破裂面形态受层理的影响较大，表现出了明显的层理倾角效应。层理的抗剪强度、黏聚力和内摩擦角均为最小。0°、30°、60°和

90°四个层理角度中，抗剪强度的最大值在60°时取得，而不是垂直于层理方向。0°、30°和60°的剪应力-剪切位移曲线呈现了明显的剪切强度随滑动而弱化的特点，而90°的剪应力-剪切位移曲线却表现出了近似理想脆性的垂直跌落现象，即层理间的黏结力在滑动失稳时突然释放，应力直接跌落至残余强度。页岩的剪切破坏机制分为基质体控制的沿页岩本体的剪切破坏、基质体和层理共同控制的沿层理张拉和本体剪切的张-剪复合破坏、层理控制的沿层理剪切滑移破坏三种类型。

② 通过对直剪条件下页岩剪切层的力学分析可知，剪应力集中系数在一定程度上反映了页岩直接剪切时剪切承载力的强弱，可用来分析页岩抗剪强度的各向异性。对不同层理方位的页岩，剪应力集中系数仅与沿剪切方向的弹性模量和剪切层的厚度有关。相同法向应力下，层理角度90°页岩的剪应力集中系数最大、抗剪强度最小，而层理角度60°页岩的剪应力集中系数最小、抗剪强度最大。

③ 直剪时，因剪切面两端剪应力的高度集中，剪切裂缝成核前剪切力诱导的张拉作用会在剪切面两端首先产生与剪切面成一定夹角（＜45°）的雁列状微裂缝，而雁列状微裂缝进一步扩展、连接及贯通后形成宏观剪切破裂带。剪切破裂带一般呈粗糙的锯齿状，宽度不均一，表现出明显的非均质性。对层状页岩，由于层理极易张拉开裂，直剪时形成的雁列状裂缝一般沿层理，但层理的开裂程度与开裂方向与层理方位密切相关，表现出明显的层理方向效应。当沿层理剪切时，由于基质体较高的抗拉强度，极难斜穿层理形成雁列状裂缝，剪切面为层理面，较平直、光滑，但剪切面摩擦滑动时的擦痕较明显；当与层理成30°和60°角剪切时，均形成了沿层理的雁列状裂缝，且30°时更显著，而雁列状裂缝在剪切面两端更集中；垂直层理剪切时，仍能观察到较小尺度的层理开裂，但已较微弱。

④ 直剪时，剪切破裂带内雁列状裂缝的产生使剪切面呈现出锯齿状，锯齿状破裂面在进一步摩擦滑动时极易产生擦痕和磨损现象。直剪时，雁列状裂缝的层理方向效应使不同层理方位页岩的剪切破裂面形态差异巨大，表现出明显的各向异性特征。

⑤ 页岩直剪时，层理方位对裂缝的扩展形态影响巨大。当与层理成30°～90°角剪切时，剪切力能诱导大量的层理开裂，形成锯齿状的裂缝形态，但此复杂裂缝形态多局限于剪切破裂带，表现出明显的变形局部化。当剪切力与层理的夹角大于90°时，剪切力有诱导层理压实的趋势，不利于层理的张拉开裂，但在一定程度上却增加了层理剪切滑移的趋势，有利于在更大范围产生沿层

理的剪切裂缝,也能形成复杂的裂缝形态。因此,剪切裂缝斜交层理扩展时,能诱发复杂裂缝形态的产生,增加地层的渗透率,进而提高储层改造效果。

⑥ 由于层理的抗拉强度、抗剪强度和黏结力等较小,受层理和非均质性影响,裂缝沿非层理方向扩展时,在层理处易发生分叉、转向,产生与主裂缝相交的次生裂缝,且主裂缝在继续延伸的过程中会进一步沟通层理,形成相对较复杂的裂缝形态,有利于页岩气储层的压裂改造。

参 考 文 献

[1] DANESHY A A.Off-balance growth:a new concept in hydraulic fracturing[J].Journal of petroleum technology,2003,55(4):78-85.

[2] TALEGHANI A D.Analysis of hydraulic fracture propagation in fractured reservoirs:an improved model for the interaction between induced and natural fractures[D].Austin:The University of Texas at Austin,2009.

[3] 李新景,胡素云,程克明.北美裂缝性页岩气勘探开发的启示[J].石油勘探与开发,2007,34(4):392-400.

[4] 李新景,吕宗刚,董大忠,等.北美页岩气资源形成的地质条件[J].天然气工业,2009,29(5):27-32.

[5] 潘仁芳,伍媛,宋争.页岩气勘探的地球化学指标及测井分析方法初探[J].中国石油勘探,2009,14(3):6-9.

[6] 张卫东,郭敏,姜在兴.页岩气评价指标与方法[J].天然气地球科学,2011,22(6):1093-1099.

[7] 蒋裕强,董大忠,漆麟,等.页岩气储层的基本特征及其评价[J].天然气工业,2010,30(10):7-12.

[8] BOWKER K A.Barnett shale gas production,Fort Worth Basin:issues and discussion[J].AAPG bulletin,2007,91(4):523-533.

[9] 聂海宽,张金川.页岩气聚集条件及含气量计算:以四川盆地及其周缘下古生界为例[J].地质学报,2012,86(2):349-361.

[10] 聂海宽,何发岐,包书景.中国页岩气地质特殊性及其勘探对策[J].天然气工业,2011,31(11):111-116.

[11] CLUFF B.How to assess shales from well logs,a petrophysicists perspective[C]//IOGA 66th Annual Meeting,Evansville,Indiana,2012.

[12] 邹才能,陶士振,杨智,等.中国非常规油气勘探与研究新进展[J].矿物岩石地球化学通报,2012,31(4):312-322.

[13] 钟太贤.中国南方海相页岩孔隙结构特征[J].天然气工业,2012,32(9):

1-4,21,125.

[14] 焦淑静,韩辉,翁庆萍,等.页岩孔隙结构扫描电镜分析方法研究[J].电子显微学报,2012,31 (5):432-436.

[15] 杨峰,宁正福,胡昌蓬,等.页岩储层微观孔隙结构特征[J].石油学报,2013,34(2):301-311.

[16] 吴伟,刘惟庆,唐玄,等.川西坳陷富有机质页岩孔隙特征[J].中国石油大学学报(自然科学版),2014,38(4):1-8.

[17] 杨巍,陈国俊,吕成福,等.鄂尔多斯盆地东南部延长组长 7 段富有机质页岩孔隙特征[J].天然气地球科学,2015,26(3):418-426,591.

[18] 张艺凡.中国南方典型地区海相页岩储层孔隙特征与渗透性研究[D].北京:中国地质大学(北京),2020.

[19] HILL D G,NELSON C R.Gas productive fractured shales:an overview and update[J].Gas saving tips,2000,6(3):4-13.

[20] CURTIS J B.Fractured shale-gas systems[J].AAPG bulletin,2002,86(11):1921-1938.

[21] GALE J F W,REED R M,HOLDER J.Natural fractures in the Barnett Shale and their importance for hydraulic fracture treatments[J].AAPG bulletin,2007,91(4):603-622.

[22] GALE J F W,LAUBACH S E,OLSON J E,et al.Natural fractures in shale:a review and new observations[J].AAPG bulletin,2014,98(11):2165-2216.

[23] 龙鹏宇,张金川,唐玄,等.泥页岩裂缝发育特征及其对页岩气勘探和开发的影响[J].天然气地球科学,2011,22(3):525-532.

[24] 丁文龙,许长春,久凯,等.泥页岩裂缝研究进展[J] 地球科学进展,2011,26(2):135-144.

[25] 朱利锋,翁剑桥,吕文雅.四川长宁地区页岩储层天然裂缝发育特征及研究意义[J].地质调查与研究,2016,39(2):104-110.

[26] 曹黎.渝东地区海相页岩多尺度裂缝发育特征及主控因素[D].北京:中国石油大学(北京),2018.

[27] 王兴华.黔北岑巩区块下寒武统牛蹄塘组页岩储层裂缝表征与控气作用[D].北京:中国地质大学(北京),2020.

[28] 何启越.渝东南地区下志留统龙马溪组页岩裂缝特征研究[D].成都:西南石油大学,2018.

[29] 辛佳博.页岩层理面地质力学研究与应用[D].北京:中国石油大学(北京),2019.

[30] VERNIK L,NUR A.Ultrasonic velocity and anisotropy of hydrocarbon source rocks[J].Geophysics,1992,57(5):727-735.

[31] BAYUK I O,CHESNOKOV E,AMMERMAN M.Why anisotropy is important for location of microearthquake events in shale? [C]// Society of Exploration Geophysicists,2009.

[32] BANIK N C.Velocity anisotropy of shales and depth estimation in the North Sea Basin[J].Geophysics,1984,49(9):1411-1419.

[33] JOHNSTON J E,CHRISTENSEN N I.Seismic anisotropy of shales[J].Journal of geophysical research:solid earth,1995,100(B4):5991-6003.

[34] KUILA U,DEWHURST D N,SIGGINS A F,et al.Stress anisotropy and velocity anisotropy in low porosity shale[J].Tectonophysics,2011,503(1-2):34-44.

[35] 熊健,梁利喜,刘向君,等.川南地区龙马溪组页岩岩石声波透射实验研究[J].地下空间与工程学报,2014,10(5):1071-1077.

[36] 石晓明,王冠民,熊周海,等.纹层方向对泥页岩纵、横波速度及弹性参数影响的试验研究[J].岩石力学与工程学报,2019,38(8):1567-1577.

[37] WANG Y,LI C H,HU Y Z,et al.Acoustic emission pattern of shale under uniaxial deformation[J].Geotechnique letters,2017,7(4):323-329.

[38] FAVERO V,FERRARI A,LALOUI L.Anisotropic behaviour of opalinus clay through consolidated and drained triaxial testing in saturated conditions[J]. Rock mechanics and rock engineering, 2018, 51(5):1305-1319.

[39] JIN Z F,LI W X,JIN C R,et al.Anisotropic elastic,strength,and fracture properties of Marcellus shale[J].International journal of rock mechanics and mining sciences,2018,109:124-137.

[40] YANG S Q,YIN P F,LI B,et al.Behavior of transversely isotropic shale observed in triaxial tests and Brazilian disc tests[J].International journal of rock mechanics and mining sciences,2020,133:104435.

[41] CHO J W,KIM H,JEON S,et al.Deformation and strength anisotropy of Asan gneiss,Boryeong shale,and Yeoncheon schist[J].International journal of rock mechanics and mining sciences,2012,50:158-169.

[42] CAO H N,GAO Q G,YE G Q,et al.Experimental investigation on anisotropic characteristics of marine shale in Northwestern Hunan,China[J].Journal of natural gas science and engineering,2020,81:103421.

[43] NIANDOU H,SHAO J F,HENRY J P,et al.Laboratory investigation of the mechanical behaviour of Tournemire shale[J].International journal of rock mechanics and mining sciences,1997,34(1):3-16.

[44] 贾长贵,陈军海,郭印同,等.层状页岩力学特性及其破坏模式研究[J].岩土力学,2013,34(S2):57-61.

[45] 陈天宇,冯夏庭,张希巍,等.黑色页岩力学特性及各向异性特性试验研究[J].岩石力学与工程学报,2014,33(9):1772-1779.

[46] 何柏,谢凌志,李凤霞,等.龙马溪页岩各向异性变形破坏特征及其机理研究[J].中国科学:物理学·力学·天文学,2017,47(11):107-118.

[47] 衡帅,杨春和,张保平,等.页岩各向异性特征的试验研究[J].岩土力学,2015,36(3):609-616.

[48] 尹帅,丁文龙,孙雅雄,等.泥页岩单轴抗压破裂特征及 UCS 影响因素[J].地学前缘,2016,23(2):75-95.

[49] SIMPSON N D J.An analysis of tensile strength,fracture initiation and propagation in anisotropic rock(gas shale) using Brazilian tests equipped with high speed video and acoustic emission[D].Trondheim:Institutt for Petroleumsteknologi Og Anvendt Geofysikk,2013.

[50] WANG Y,LI C H,HU Y Z,et al.Brazilian test for tensile failure of anisotropic shale under different strain rates at quasi-static loading[J].Energies,2017,10(9):1324.

[51] LI H,LAI B T,LIU H H,et al.Experimental investigation on Brazilian tensile strength of organic-rich gas shale[J].SPE journal,2017,22(1):148-161.

[52] ZHANG S W,SHOU K J,XIAN X F,et al.Fractal characteristics and acoustic emission of anisotropic shale in Brazilian tests[J].Tunnelling and underground space technology,2018,71:298-308.

[53] HE J M,AFOLAGBOYE L O.Influence of layer orientation and interlayer bonding force on the mechanical behavior of shale under Brazilian test conditions[J].Acta mechanica sinica,2018,34(2):349-358.

[54] 侯鹏,高峰,杨玉贵,等.黑色页岩巴西劈裂破坏的层理效应研究及能量

分析[J].岩土工程学报,2016,38(5):930-937.

[55] 侯鹏,高峰,杨玉贵,等.考虑层理影响页岩巴西劈裂及声发射试验研究[J].岩土力学,2016,37(6):1603-1612.

[56] 杨志鹏,何柏,谢凌志,等.基于巴西劈裂试验的页岩强度与破坏模式研究[J].岩土力学,2015,36(12):3447-3455,3464.

[57] 杜梦萍,潘鹏志,纪维伟,等.炭质页岩巴西劈裂载荷下破坏过程的时空特征研究[J].岩土力学,2016,37(12):3437-3446.

[58] 马天寿,王浩男,刘梦云,等.页岩抗张力学行为各向异性实验与理论研究[J].中南大学学报(自然科学版),2020,51(5):1391-1401.

[59] HENG S,GUO Y T,YANG C H,et al.Experimental and theoretical study of the anisotropic properties of shale[J].International journal of rock mechanics and mining sciences,2015,74:58-68.

[60] HENG S,LI X Z,LIU X,et al.Experimental study on the mechanical properties of bedding planes in shale[J].Journal of natural gas science and engineering,2020,76:103161.

[61] 衡帅,杨春和,曾义金,等.基于直剪试验的页岩强度各向异性研究[J].岩石力学与工程学报,2014,33(5):874-883.

[62] SCHMIDT R A,HUDDLE C W.Fracture mechanics of oil shale:some preliminary results[R].Sandia Labs.,Albuquerque,NM(USA),1977.

[63] LEE H P,OLSON J E,HOLDER J,et al.The interaction of propagating opening mode fractures with preexisting discontinuities in shale[J].Journal of geophysical research:solid earth,2015,120(1):169-181.

[64] CHANDLER M R,MEREDITH P G,BRANTUT N,et al.Fracture toughness anisotropy in shale[J].Journal of geophysical research:solid earth,2016,121(3):1706-1729.

[65] WANG H J,ZHAO F,HUANG Z Q,et al.Experimental study of mode-Ⅰ fracture toughness for layered shale based on two ISRM-suggested methods[J].Rock mechanics and rock engineering,2017,50(7):1933-1939.

[66] 衡帅,杨春和,郭印同,等.层理对页岩水力裂缝扩展的影响研究[J].岩石力学与工程学报,2015,34(2):228-237.

[67] 郭海萱,郭天魁.胜利油田罗家地区页岩储层可压性实验评价[J].石油实验地质,2013,35(3):339-346.

[68] 赵子江，刘大安，崔振东，等.半圆盘三点弯曲法测定页岩断裂韧度（K_{IC}）的实验研究[J].岩土力学，2018，39(S1)：258-266.
[69] 吕有厂.层理性页岩断裂韧性的加载速率效应试验研究[J].岩石力学与工程学报，2018，37(6)：1359-1370.
[70] MAHANTA B，TRIPATHY A，VISHAL V，et al.Effects of strain rate on fracture toughness and energy release rate of gas shales[J].Engineering geology，2017，218：39-49.
[71] 陈建国，邓金根，袁俊亮，等.页岩储层Ⅰ型和Ⅱ型断裂韧性评价方法研究[J].岩石力学与工程学报，2015，34(6)：1101-1105.
[72] 张明明.T应力对岩石断裂韧性及裂纹起裂的影响[D].成都：西南石油大学，2017.
[73] MASHHADIAN M，VERDE A，SHARMA P，et al.Assessing mechanical properties of organic matter in shales：results from coupled nanoindentation/SEM-EDX and micromechanical modeling[J].Journal of petroleum science and engineering，2018，165(1)：313-324.
[74] ZENG Q，WU Y K，LIU Y Q，et al.Determining the micro-fracture properties of Antrim gas shale by an improved micro-indentation method[J].Journal of natural gas science and engineering，2019，62(1)：224-235.
[75] ZHAO J L，ZHANG W，ZHANG D X，et al.Influence of geochemical features on the mechanical properties of organic matter in shale[J].Journal of geophysical research：solid earth，2020，125(9)：1-14.
[76] FAN M，JIN Y，CHEN M，et al.Mechanical characterization of shale through instrumented indentation test[J].Journal of petroleum science and engineering，2019，174(1)：607-616.
[77] LIU K Q，OSTADHASSAN M，BUBACH B，et al.Statistical grid nanoindentation analysis to estimate macro-mechanical properties of the Bakken Shale[J].Journal of natural gas science and engineering，2018，53(1)：181-190.
[78] WU Y K，LI Y C，LUO S M，et al.Multiscale elastic anisotropy of a shale characterized by cross-scale big data nanoindentation[J].International journal of rock mechanics and mining sciences，2020，134(1)：104458.
[79] 时贤，蒋恕，卢双舫，等.利用纳米压痕实验研究层理性页岩岩石力学性

质:以渝东南西阳地区下志留统龙马溪组为例[J].石油勘探与开发,2019,46(1):155-164.

[80] 贾锁刚,万有余,王倩,等.页岩各向异性力学特性微观测试方法研究[J].地质力学学报,2021,27(1):10-18.

[81] LORA R V,GHAZANFARI E,IZQUIERDO E A.Geomechanical characterization of Marcellus shale[J].Rock mechanics and rock engineering,2016,49(9):3403-3424.

[82] AMANN F,KAISER P,BUTTON E A.Experimental study of brittle behavior of clay shale in rapid triaxial compression[J].Rock mechanics and rock engineering,2012,45(1):21-33.

[83] AMANN F,BUTTON E A,EVANS K F,et al.Experimental study of the brittle behavior of clay shale in rapid unconfined compression[J].Rock mechanics and rock engineering,2011,44(4):415-430.

[84] BONNELYE A,SCHUBNEL A,DAVID C,et al.Strength anisotropy of shales deformed under uppermost crustal conditions[J].Journal of geophysical research:solid earth,2017,122(1):110-129.

[85] WU Y S,LI X,HE J M,et al.Mechanical properties of longmaxi black organic-rich shale samples from South China under uniaxial and triaxial compression states[J].Energies,2016,9(12):1088.

[86] FRASH L P,CAREY J W,WELCH N J.Scalable en echelon shear-fracture aperture-roughness mechanism:theory,validation,and implications[J].Journal of geophysical research:solid earth,2019,124(1):957-977.

[87] FRASH L P,CAREY J W,ICKES T,et al.Caprock integrity susceptibility to permeable fracture creation[J].International journal of greenhouse gas control,2017,64(1):60-72.

[88] CAREY J W,LEI Z,ROUGIER E,et al.Fracture-permeability behavior of shale[J].Journal of unconventional oil and gas resources,2015,11(1):27-43.

[89] 衡帅,李贤忠,刘晓,等.直剪条件下页岩裂缝扩展演化机制研究[J].岩石力学与工程学报,2019,38(12):2438-2450.

[90] CHENG L C,XU J,PENG S J,et al.Mesoscopic crack initiation,propagation,and coalescence mechanisms of coal under shear loading[J].Rock mechanics and rock engineering,2019,52(6):1979-1992.

[91] 许江,冯丹,程立朝,等.含瓦斯煤剪切破裂过程细观演化[J].煤炭学报,2014,39(11):2213-2219.

[92] 许江,谭皓月,王雷,等.不同法向应力下含瓦斯煤剪切破坏细观演化过程研究[J].岩石力学与工程学报,2012,31(6):1192-1197.

[93] WANG P T,REN F H,MIAO S J,et al.Evaluation of the anisotropy and directionality of a jointed rock mass under numerical direct shear tests[J].Engineering geology,2017,225(4):29-41.

[94] FORBES I N D,MEREDITH P G,CHANDLER M R,et al.Fracture properties of Nash Point shale as a function of orientation to bedding[J].Journal of geophysical research:solid earth,2018,123(10):8428-8444.

[95] LUO Y,XIE H P,REN L,et al.Linear elastic fracture mechanics characterization of an anisotropic shale[J].Scientific reports,2018,8(1):8505.

[96] DOU F K,WANG J G,ZHANG X X,et al.Effect of joint parameters on fracturing behavior of shale in notched three-point-bending test based on discrete element model[J].Engineering fracture mechanics,2019,205:40-56.

[97] MOKHTARI M,TUTUNCU A N.Impact of laminations and natural fractures on rock failure in Brazilian experiments:a case study on Green River and Niobrara formations[J].Journal of natural gas science and engineering,2016,36:79-86.

[98] NATH F,MOKHTARI M.Optical visualization of strain development and fracture propagation in laminated rocks[J].Journal of petroleum science and engineering,2018,167(1):354-365.

[99] WANG J,XIE L Z,XIE H P,et al.Effect of layer orientation on acoustic emission characteristics of anisotropic shale in Brazilian tests[J].Journal of natural gas science and engineering,2016,36:1120-1129.

[100] LI H,LAI B T,LIU H H,et al.Experimental investigation on Brazilian tensile strength of organic-rich gas shale[J].SPE journal,2017,22(1):148-161.

[101] 张树文,鲜学福,周军平,等.基于巴西劈裂试验的页岩声发射与能量分布特征研究[J].煤炭学报,2017,42(S2):346-353.

[102] AMADEI B.Importance of anisotropy when estimating and measuring in situ stresses in rock[J].International journal of rock mechanics and mining

sciences and geomechanics abstracts,1996,33(3):293-325.

[103] TIEN Y M,KUO M C.A failure criterion for transversely isotropic rocks [J].International journal of rock mechanics and mining sciences,2001,38 (3):399-412.

[104] SAVIN G N,FLEISHMAN N P.Theory of elasticity of anisotropic bodies[J].International applied mechanics,1971,7(12):1403-1404.

[105] KO H Y,GERSTLE K H.Elastic properties of two coals[J].International journal of rock mechanics and mining sciences and geomechanics abstracts, 1976,13(3):81-90.

[106] SZWILSKI A B.Determination of the anisotropic elastic moduli of coal [J].International journal of rock mechanics and mining sciences and geomechanics abstracts,1984,21(1):3-12.

[107] SONG I S,SUH M C,WOO Y K,et al.Determination of the elastic modulus set of foliated rocks from ultrasonic velocity measurements [J].Engineering geology,2004,72(3-4):293-308.

[108] EXADAKTYLOS G E.On the constraints and relations of elastic constants of transversely isotropic geomaterials[J].International journal of rock mechanics and mining sciences,2001,38(7):941-956.

[109] NUNES A L L S.A new method for determination of transverse isotropic orientation and the associated elastic parameters for intact rock [J].International journal of rock mechanics and mining sciences,2002, 39(2):257-273.

[110] 张学民.岩石材料各向异性特征及其对隧道围岩稳定性影响研究[D].长沙:中南大学,2007.

[111] 沈观林,胡更开.复合材料力学[M].北京:清华大学出版社,2006.

[112] LEMPRIERE B M.Poisson's ratio in orthotropic materials[J].Aiaa journal,1968,6(11):2226-2227.

[113] PICKERING D J.Anisotropic elastic parameters for soil[J].Geotechnique,1970,20(3):271-276.

[114] WORONTNICKI G.CSIRO triaxial stress measurement cell[J].International journal of rock mechanics and mining sciences and geomechanics abstracts,1994,31(4):201.

[115] 戴金星,陈践发,钟宁宁,等.中国大气田及其气源[M] .北京:科学出版

社,2003.

[116] 刘树根,马文辛,LUBA J,等.四川盆地东部地区下志留统龙马溪组页岩储层特征[J].岩石学报,2011,27(8):2239-2252.

[117] 蒲泊伶,蒋有录,王毅,等.四川盆地下志留统龙马溪组页岩气成藏条件及有利地区分析[J].石油学报,2010,31(2):225-230.

[118] 陈波,皮定成.中上扬子地区志留系龙马溪组页岩气资源潜力评价[J].中国石油勘探,2009,14(3):15-19.

[119] 陈乔,谭彦虎,王莉莎,等.渝东南龙马溪组页岩气储层物性特征[J].科技导报,2013,31(36):15-19.

[120] 曾祥亮.四川盆地及其周缘下志留统龙马溪组页岩气研究[D].成都:成都理工大学,2011.

[121] 王羽,金婵,姜政,等.渝东五峰组-龙马溪组页岩矿物成分与孔隙特征分析[J].矿物学报,2016,36(4):555-562.

[122] 陈尚斌,朱炎铭,王红岩,等.四川盆地南缘下志留统龙马溪组页岩气储层矿物成分特征及意义[J].石油学报,2011,32(5):775-782.

[123] 潘仁芳,赵明清,伍媛.页岩气测井技术的应用[J].中国科技信息,2010,4(7):16-18.

[124] 李新景,胡素云,程克明.北美裂缝性页岩气勘探开发的启示[J].石油勘探与开发,2007,34(4):392-400.

[125] 李新景,吕宗刚,董大忠,等.北美页岩气资源形成的地质条件[J].天然气工业,2009,29(5):27-32.

[126] 唐颖,邢云,李乐忠,等.页岩储层可压裂性影响因素及评价方法[J].地学前缘,2012,19(5):356-363.

[127] 聂海宽,唐玄,边瑞康.页岩气成藏控制因素及中国南方页岩气发育有利区预测[J].石油学报,2009,30(4):484-491.

[128] JARVIE D M,HILL R J,RUBLE T E,et al.Unconventional shale-gas systems:the Mississippian Barnett Shale of north-central Texas as one model for thermogenic shale-gas assessment[J].AAPG bulletin,2007,91(4):475-499.

[129] NELSON R A.Geologic Analysis of naturally fractured reservoirs:contributions in petroleum geology and engineering [M].Houston:Gulf Publishing Company,1985.

[130] 唐颖,邢云,李乐忠,等.页岩储层可压裂性影响因素及评价方法[J].地

学前缘,2012,19(5):356-363.

[131] 陈天虎,谢巧勤.电子显微镜时代与纳米地球科学[J].合肥工业大学学报(自然科学版),2005,28(9):1126-1129.

[132] 孔金祥,杨百全.四川碳酸盐岩自生自储气藏类型及形成机制[J].石油学报,1991,12(2):20-27.

[133] 唐泽尧,孔金祥.威远气田震旦系储层结构特征[J].石油学报,1984,5(4):43-54.

[134] 赵良孝,邢会民.四川盆地浅气层测井泥质参数校正模型[J].天然气工业,2007,27(11):43-45.

[135] 杨永明,鞠杨,王会杰.孔隙岩石的物理模型与破坏力学行为分析[J].岩土工程学报.2010,32(5):736-744.

[136] ROGER S,PRERNA S,GARIEL B.Reservoir characterization of unconventional gas shale reservoirs:example from the Barnett Shale, Texas,USA[J].Earth sciences research journal,2008,20:20-23.

[137] LOUCKS R G,REED R M,RUPPEL S C,et al.Morphology,genesis, and distribution of nanometer-scale pores in siliceous mudstones of the Mississippian Barnett Shale[J].Journal of sedimentary research, 2009,79(11-12):848-861.

[138] WANG Y,LIU D Q,ZHAO Z H,et al.Investigation on the effect of confining pressure on the geomechanical and ultrasonic properties of black shale using ultrasonic transmission and post-test CT visualization[J].Journal of petroleum science and engineering,2020,185:106630.

[139] GUO Y T,YANG C H,WANG L,et al.Study on the influence of bedding density on hydraulic fracturing in shale[J].Arabian journal for science and engineering,2018,43(11):6493-6508.

[140] 王文冰.层理岩石声学特性及其爆炸荷载作用下损伤特征试验研究[D].北京:中国地质大学(北京),2009.

[141] SINGH J,RAMAMURTHY T,VENKATAPPA R G.Strength anisotropies in rocks [J].Indian geotechnical journal,1989,19 (2),147-166.

[142] 刘斌,席道瑛,葛宁洁,等.不同围压下岩石中泊松比的各向异性[J].地球物理学报,2002,45(6):880-890.

[143] JAEGER J C.Shear failure of anistropic rocks[J].Geological magazine, 1960,97(1):65-72.

[144] DONATH F A.Experimental study of shear failure in anisotropic rocks[J]. Geological society of America bulletin,1960,72(6):985-989.

[145] 宋建波,张倬元,于远忠,等.岩体经验强度准则及其在地质工程中的应用[M].北京:地质出版社,2002.

[146] SAROGLOU H,TSIAMBAOS G.A modified Hoek-Brown failure criterion for anisotropic intact rock[J].International journal of rock mechanics and mining sciences,2008,45(2):223-234.

[147] TURICHSHEV A,HADJIGEORGIOU J.Triaxial compression experiments on intact veined andesite[J].International journal of rock mechanics and mining sciences,2016,86(1):179-193.

[148] 张萍,杨春和,汪虎,等.页岩单轴压缩应力-应变特征及能量各向异性[J].岩土力学,2018,39(6):2106-2114.

[149] 谢和平,鞠杨,黎立云.基于能量耗散与释放原理的岩石强度与整体破坏准则[J].岩石力学与工程学报,2005,24(17):3003-3010.

[150] ISRM. International society for rock mechanics commission on standardization of laboratory and field tests: suggested methods for the quantitative description of discontinuities in rock masses[J]. International journal of rock mechanics and mining sciences and geomechanics abstracts, 1978,15(6):319-368.

[151] CHEN C S,PAN E N,AMADEI B.Determination of deformability and tensile strength of anisotropic rock using Brazilian tests[J]. International journal of rock mechanics and mining sciences, 1998, 35(1): 43-61.

[152] CLAESSON J,BOHLOLI B. Brazilian test: stress field and tensile strength of anisotropic rocks using an analytical solution[J].International journal of rock mechanics and mining sciences, 2002, 39(8): 991-1004.

[153] AMADEI B,ROGERS J D,GOODMAN R E. Elastic constants and tensile strength of anisotropic rocks[J].International journal of rock mechanics and mining sciences and geomechanics abstracts, 1984, 21(3):82.

[154] EXADAKTYLOS G E,KAKLIS K N. Applications of an explicit solution for the transversely isotropic circular disc compressed diametrically[J]. In-

ternational journal of rock mechanics and mining sciences, 2001, 38(2): 227-243.

[155] NA S H, SUN W C, INGRAHAM M D, et al. Effects of spatial heterogeneity and material anisotropy on the fracture pattern and macroscopic effective toughness of Mancos Shale in Brazilian tests[J]. Journal of geophysical research: solid earth, 2017, 122(8): 6202-6230.

[156] SZWEDZICKI T. A hypothesis on modes of failure of rock samples tested in uniaxial compression[J]. Rock mechanics and rock engineering, 2007, 40(1): 97-104.

[157] TAVALLALI A, VERVOORT A. Effect of layer orientation on the failure of layered sandstone under Brazilian test conditions[J]. International journal of rock mechanics and mining sciences, 2010, 47(2): 313-322.

[158] SIH G C, PARIS P C, IRWIN G R. On cracks in rectilinearly anisotropic bodies[J]. International journal of fracture mechanics, 1965, 1(3): 189-203.

[159] TAN C L, GAO Y L. Boundary integral equation fracture mechanics analysis of plane orthotropic bodies[J]. International journal of fracture, 1992, 53(4): 343-365.

[160] DAI F, XIA K W. Laboratory measurements of the rate dependence of the fracture toughness anisotropy of Barre granite[J]. International journal of rock mechanics and mining sciences, 2013, 60(1): 57-65.

[161] KENNER V H, ADVANI S H, RICHARD T G. A study of fracture toughness for an anisotropic shale[M]. Berkeley: University of California Press, 1982.

[162] 赵阳升.多孔介质多场耦合作用及其工程响应[M].北京:科学出版社,2010.

[163] 王婷婷.基于声发射行为页岩压裂裂缝破裂方式演化研究[D].大庆:东北石油大学,2017.

[164] WU S, LI T T, GE H K, et al. Shear-tensile fractures in hydraulic fracturing network of layered shale[J]. Journal of petroleum science and engineering, 2019, 183(1): 106428.

[165] ZHANG B H, TIAN X P, JI B X, et al. Study on microseismic mecha-

nism of hydro-fracture propagation in shale[J].Journal of petroleum science and engineering,2019,178(1):711-722.

[166] HENG S,LI X Z,ZHANG X D,et al.Mechanisms for the control of the complex propagation behaviour of hydraulic fractures in shale[J].Journal of petroleum science and engineering,2021,200(1):108417.

[167] CHONG K P,KURUPPU M D,KUSZMAUL J S.Fracture toughness determination of layered materials[J]. Engineering fracture mechanics,1987,28(1):43-54.

[168] 衡帅,刘晓,李贤忠,等.张拉作用下页岩裂缝扩展演化机制研究[J].岩石力学与工程学报,2019,38(10):2031-2044.

[169] 长江水力委员会长江科学院.水利水电工程岩石试验规程:SL/T 264—2020[S].北京:中国水利水电出版社,2020.

[170] LIU Z N,XU H R,ZHAO Z H,et al.DEM modeling of interaction between the propagating fracture and multiple pre-existing cemented discontinuities in shale[J]. Rock mechanics and rock engineering,2019,52(6):1993-2001.

[171] CHANDLER M R,FAUCHILLE A L,KIM H K,et al.Correlative optical and X-ray imaging of strain evolution during double-torsion fracture toughness measurements in shale[J].Journal of geophysical research:solid earth,2018,123(12):10517-10533.

[172] HEALY D,JONES R R,HOLDSWORTH R E. Three-dimensional brittle shear fracturing by tensile crack interaction[J].Nature,2006,439(7072):64-67.

[173] RECHES Z,LOCKNER D A. Nucleation and growth of faults in brittle rocks[J].Journal of geophysical research:solid earth,1994,99(9):18159-18173.

[174] OLSON J E,POLLARD D D.The initiation and growth of en echelon veins[J].Journal of structural geology,1991,13(5):595-608.

[175] 单家增.剪应力作用下构造变形的物理模拟实验[J].石油勘探与开发,2004,31(6):56-57.

[176] 格佐夫斯基 M B.构造物理学基础[M].刘鼎文,杜奉屏,王礼棠,译.北京:地震出版社,1984.

[177] IKARI M J,NIEMEIJER A R,MARONE C.Experimental investigation of

incipient shear failure in foliated rock[J].Journal of structural geology, 2015,77(1):82-91.

[178] DUAN Y,LI X,ZHENG B,et al.Cracking evolution and failure characteristics of Longmaxi Shale under uniaxial compression using real-time computed tomography scanning[J].Rock mechanics and rock engineering,2019,52(9):3003-3015.